베트남의 젖줄

메 콩 델 타
Mekong Delta

메콩델타에서 유일하게 산이 있는 안장도의 캄보디아와 국경지역 벼 논

유기열(Ki-Yull Yu)
https://brunch.co.kr/@yukiyull

발 행 | 2021-03-02
저 자 | 유기열(KI YULL YU)
펴낸이 | 한건희
펴낸곳 | 주식회사 부크크
출판사등록 | 2014.07.15(제2014-16호)
주 소 | 서울 금천구 가산디지털1로 119, A동 305호
전 화 | 1670 - 8316
이메일 | info@bookk.co.kr
ISBN | 979-11-372-3832-9

본 책은 브런치 POD 출판물입니다.
https://brunch.co.kr

www.bookk.co.kr

베트남의 젖줄

메 콩 델 타

Mekong Delta

유기열(Ki-Yull Yu)지음

베트남과 캄보디아 국경지역인 안장도 쩌독의 메콩강 상류

차 례

정보화시대에 베트남,
특히 메콩델타의 정보원천(情報源泉)이 되어주길 바라며

21세기는 정보화 시대다. 정보가 힘이다. 필요하고 정확한 최신의 정보를 최대한 빨리 얻는 것이 중요한 이유다.

"메콩델타-베트남의 젖줄"은 베트남, 특히 메콩델타에서 사업·여행·학업·기타 일을 하고 싶은 정부·공공기관, 민간기구·단체, 기업과 개인에게 유익한 정보가 담겨있는 책이다. 한국의 신 남방정책 추진과 정보화 사회에서 필요한 역할을 할 것이다.

나는 2년간 걷고, 오토바이, 차, 배, 비행기를 타기도 하면서 농촌, 어촌, 섬, 도시, 관련기관 등을 찾아 다녔다. 직접 현장을 보고, 현지인을 만나 이야기하며, 체험을 하느라 고생도 했다. 그렇게 보고 듣고 느끼면서 얻은 지식·정보·경험 등을 토대로 필요하면 관계 전문가와 의견을 교환하고, 관련문헌을 참고하여 글을 썼다. 독자에게 원하는 정보를 주는 책을 쓰려고 애썼다.

내가 2017.08.14일 NIPA 자문관으로 파견될 때만 해도 메콩델타는 한국인에게는 매우 낯선 땅이었다. 때문에 이곳에 대한 정보가 거의 없어 활동하는데 어려움이 컸다.

3년이 지난 지금은 좀 나아지기는 했지만, 아직도 이곳에 대한 생생한 정보는 많지 않다. 책 "메콩델타-베트남의 젖줄"이 이곳에 관심 있는 많은 사람에게 메콩델타에 대한 필요하고 정확하며 최신의 유익한 정보원천(情報源泉, Information Source)이 될게 분명하다. 앞으로는 많은 사람이 메콩델타에 대한 정보가 부족하여 내가 겪었던 어려움을 겪지 않게 하는 데 이 책이 도움이 되었으면 한다.

외국인에게도 도움이 될 줄 몰라, 서툴지만 요지를 영어로 썼다.

끝으로 저를 베트남에 자문관으로 파견해준 정보통신산업진흥원(NIPA, National IT Industry Promotion Agency) 김창용원장님(파견 당시 윤종록원장님)과 임직원, 그리고 베트남에서 근무를 잘 하도록 협조해준 한-베 인큐베이터 파크(KVIP, Korea-Vietnam Incubator Park) 소장 Mr. Pham Minh Quoc과 임직원 모두에게 감사를 드린다.

모든 분의 소원이 다 이루어지기를 빈다.

2021. 03. 02
유 기 열

Hope the book to become information-source for the Mekong Delta including Vietnam in the information age

The 21st century is the information age. Information is power. That is why it is so important to get the latest, necessary and accurate information as quickly as possible.

"Mekong Delta-Vietnam's Lifeline" is a book that contains the useful information for government/public institutions, private organizations, enterprises, and individuals that want to do business, travel, study, or other work in Vietnam, especially in the Mekong Delta. It will play a necessary role in the information society and Korea's New Southern Policy.

I walked, took motorcycles, cars, boats, and airplanes to visit rural areas, fishing villages, islands, cities, and related institutions. I also had a hard time seeing the site in person, meeting and talking with locals, and experiencing the lives there. Based on the knowledge, information, and experience gained from seeing, hearing, and feeling, I exchanged opinions with related experts if necessary, and then wrote these articles by referring to related documents. I tried to write the book that gives the readers the information they wanted.

Mekong Delta was a very unfamiliar land for Koreans when I went as NIPA advisor to Vietnam on 14 August 2017. There was little information about this place, so it was difficult for me to work.

Three years later, it is better now. But there is still not much vivid information about the Mekong Delta. The book "Mekong Delta-Vietnam's Lifeline" is sure to be a necessary, accurate, useful, up-to-date information-source about Mekong Delta for many people interested in it. From now on, I hope that this book will help many people avoid the difficulties I have faced due to a lack of information on the Mekong Delta.

I wrote the points in English even though no being good at English, so that it would be helpful to some of foreign readers.

Lastly, I would like to thank Director of National IT Industry Promotion Agency(NIPA) Kim Chang-Yeong (Former Director Yoon Jong-Lok) and the staffs, who dispatched me as an advisor to Vietnam, and Director of Korea-Vietnam Incubator Park(KVIP) Mr. Pham Minh Quoc and the staffs, who helped me work better in Vietnam.

May everyone's wishes come true.

02 March 2021

Ki-Yull Yu

1부 베트남 엿보기
(Part1 A Peek at Vietnam)

베트남은 2018년기준 15-39세 인구가 전체의 40.9%로 세계평
균 38.3%보다 높은 젊은 국가다. 54개종족으로 이루어진 다종족,
다종교 국가다. 베트남인은 느긋하며 미안하다는 말에 인색하다.

집 없이는 살아도 오토바이 없이는 살수 없다는 우스갯말이 있다.
한 집에 오토바이가 여러 대 있는가 하면 누구나 오토바이를 능
수능란하게 잘 타는 오토바이 천국이다.

언어장벽이 높은 편이어서 베트남어를 모르면 일상생활이 불편할
때가 많다. 하지만 미소는 어디서나 통하는 만국어(萬國語)였다.

문서 서명은 파란색으로 한다. 크리스마스는 공휴일이 아니다. 한
국 설과 같은 Tết(뗏)이 있다, 음력1월1일로 최대명절이다.

한 주의 첫날은 일요일이다. 12띠가 있는데 4개동물이 한국과 다
르다. 칼을 몸 밖으로 밀어 과일껍질을 깎는다..

가정집, 사무실, 호텔 등 실내에도 도마뱀, 바퀴벌레, 거미, 개미
가 많다. 이중 도마뱀은 행운을 가져다 준다고 믿는다. 들판에는
개구리와 쥐가 많고, 시골거리에는 뜻밖에 개들이 많다.

1 베트남은 다종족의 젊은 오토바이 천국
(Vietnam is a multiracial young motorcycle paradise)

젊은 나라 베트남

베트남은 젊은 나라다. 2016년기준 베트남 인구는 94,444,200명이었다. 이중15~39세의 젊은 층 인구가 전체의 41.8%로 한국의 34.4%에 비하여 상당히 높다. 거리와 직장에 생동감과 활력이 넘치는 이유다.

내가 근무한 한-베 인큐베이터 파크(Korea-Vietnam Incubator Park, KVIP)의 경우 50대이상 직원이 없다. 제일 나이 많은 직원이 40대후반이며 대부분 직원은 20~30대. 게다가 여성이 40%나 된다. 경험은 부족하지만 젊음이 있어 더 좋다. 젊음엔 꿈과 희망, 가능성이 있기 때문이다. 직장 분위기가 밝고 명랑한 데는 여직원이 많은 것도 한 몫 한다.

2018년베트남인구는 1억이 조금 못 되는 96,356,744명이다. 세계인구의 1.26%에 해당되며, 세계15번째로 인구가 많은 나라다. 인구밀도는 311명/㎢이다.

남녀성비는 세계인구의 50.4대49.6에 비해 여자가 많은 남49.5, 여50.5%다. 베트남인도 아들을 선호한다. 헌데 여자가 남자보다 많은 것은 전쟁영향, 낙태에 대한 부정적 인식과 더불어 의술과 경제적 이유로 출산의 인위적 조절이 쉽지 않기 때문으로 보인다.

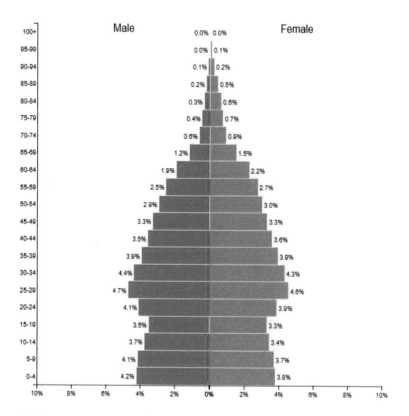

2018 Vietnam Population Pyramid, Population 96,356,744

인구가 증가함에 따라 베트남 인구피라미드는 미미하나마 변함이

16

감지된다. 2018년인구의 경우 15~39세 인구가 전체의 40.9%로 2016년에 비해 약간 줄었다. 반면에 40대(40~49)인구가 2016년에 비해 0.8%늘어났다. 그러나 세계인구의 38.3%에 비해도 아직15~39세의 인구비율이 높은 편이다. 한국이나 다른 선진국과 비교하면 젊음이 피부로 느껴지는 청춘의 나라다.

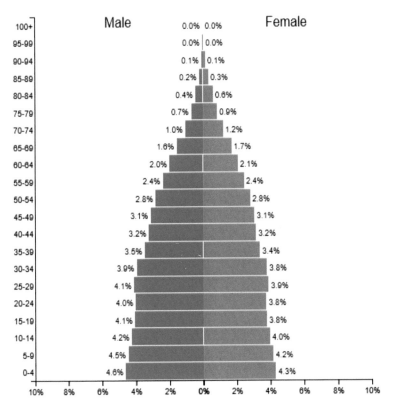

2018 World population Pyramid, population 7,597,175,534

문제는 15세 미만의 인구비율이 세계인구 연령별 분포에 비해 많이 낮다는 점이다. 도시를 중심으로 아이를 적게 낳아 잘 기르려는 젊은 부모들이 빠른 속도로 증가하기 때문이다. 이런 추세로 가면 앞으로 10년, 20년후에는 젊은 층의 인구비율이 지금보다 많이 줄어들어 생산가능 인구의 부족현상을 불러올 수 있다는 점을 유의할 필요가 있다.

아무튼 지금은 청춘의 나라 베트남에서 젊음의 가능성을 믿고 꿈을 이루어 보라. 전문기술과 지식, 경험이 많은 한국인에게는 기회의 땅이 될 수 있다고 본다. 물론 자기가 활동하고자 하는 분야에 대해 사전에 현지의 정확한 상황파악과 정보 수집은 언제나 누구나 필수적으로 선행해야 할 일이다.

■ 필자 주

1.www.populationpyramid.net, www.worldometers.info참고했다.

■영어

The Young Country, Vietnam

Vietnam is a young country. By 2016, the population of Vietnam is 94,444,200. Among them, the young people aged between 15 and 39years are 41.8% of the total population. It is significantly higher than Korea's 34.4%. That is why Vietnam is so lively and vital anywhere, on the streets and at work.

Believe in the possibility of youth in Vietnam, a country of youth, and try anything, and you will fulfill your dream. I think that it can be a land of opportunity for Koreans who have a lot of expertise, knowledge and experience. Of course, it is always necessary for anyone to know precisely the situation and collect information in advance about the field in which they want to work.

베트남 종족 수 54, 이렇게 많을 줄이야!
(54 Vietnamese races, how many they are!)

베트남은 다종족(다민족) 국가다. 종족이 무려 54개나 된다. 이렇게 다종족인 줄 예전에 미처 몰랐다. 그 중 인구가 가장 많은 종족이 비엣족(Viet=越族 또는 Kinh=낀족=京族)이다. 박물관 안내서에는 베트남인구 94,444,200명(2016베트남 통계연보)의 약86%가 비엣족이라 쓰여 있다.

베트남이란 나라이름도 비엣(Viet, 비엣)과 남(Nam)의 합성어다. 베트는 비엣족, 남은 남쪽 또는 동남아시아라는 뜻이다. 따라서 베트남은 비엣족이 많이 사는 동남아시아 또는 남쪽나라라는 뜻이다. 한국인에게 오래 전부터 익숙한 월남(越南)은 Vietnam의 한국어 독음(讀音)이다.

하노이에 위치한 베트남민족학박물관(Vietnam Museum of Ethnology)을 구경했다. 들어가서 곧바로 베트남 민족구성 현황을 보자마자 깜짝 놀랐다. 베트남 종족수가 무려 54개나 되었기 때문이다.

54개 종족은(언어에 따라) 크게 5부류로 분류된다. ❶남자오어류(NamDao)에 짬족(Cham)등 5, ❷따이-까다이어류에 따이족 등 12, ❸남아어류(NamA)에 비엣족 등 25, ❹몽-자오어류(Mong-Dao)에 몽족 등 3, ❺한-땅어류에 호아족 등 9종족이다.

일부 자료에는 위의❷를 따이-타이어류(Tay-Thai)에 따이족(Tay)등 8, 까다이어류(Kadai)에 꺼라오족(Co Lao)등 4, ❸을 비엣-므엉어류(Viet-Muong group)에 비엣족 등 4, 몬-크메르어류(Mon-Khmer)에 몽족 등 21, ❺를 한어류(Han)에 호아족(Hoa)등 3, 땅어류(Tang)에 꽁족(Cong)등

20

6종족으로 나누어 8부류로 분류하기도 한다.

현황판엔 관광객을 맞이하는 환영인사가 여러 나라말로 쓰여 있었다. 물론 한국말 인사인 '안녕하세요.'도 한글로 적혀 있었다.

베트남민족학박물관의 베트남민족 구성현황

베트남은 중국과 더불어 세계에서 가장 다양한 종족으로 구성된 다종족 국가다. 이들 다양한 종족이 똘똘 뭉쳐 수천년에 걸쳐 수많은 외부의 침략을 잘 막아내고 현재 통일국가로 인도지나 반도의 맹주역할을 하고 있다. 더 나아가 각종족들은 고유의 전통과 문화를 지키면서 다른 종족의 것들과 조화를 이루어 베트남 문화를 발전시키고 있다.

한국은 단일 민족임을 자부하면서도 현재까지 세계유일의 분

단국이다. 같은 민족끼리 총칼을 겨누고 있다. 게다가 눈만 뜨면 서로 남 탓만 하고 궤변, 욕질, 싸움질을 일삼는 뉴스가 끊이지 않는다. 이 때문일까? 54개다양한 종족이 통일국가를 이루어 안정적으로 발전하면서 문화 다양성을 뽐내는 베트남이 가끔 부럽다.

엄마 뱃속에서부터 오토바이를 타는 사람들

(People who ride motorcycles from their mother's stomach)

베트남 하면 오토바이, 오토바이 하면 베트남(인)이 가장 먼저 떠오른다. 대다수 베트남국민은 엄마 뱃속에서부터 무덤까지 오토바이를 탄다.

그래서 그런지 베트남사람은 오토바이를 참 잘 탄다. 한국에서 퀵서비스 하는 오토바이기사처럼 곡예운전도 잘 한다. 어느 특정인만 그런 게 아니라 거의 다 그렇다. 운전자 앞뒤에 타는 사람들도 여유 만만하기는 마찬가지다. 손을 놓거나, 아기를 보듬거나, 한쪽으로 다리를 꼬고 앉거나 타는 방법도 가지가지다.

그 이유가 뭘까?

22

첫째는 엄마 뱃속에서부터 오토바이를 타는 데 익숙해졌기 때문이 아닐까? 베트남에서는 임신한 엄마가 오토바이 운전하는 것은 일상이다. 그러니 뱃속의 아이도 그런 환경과 생활의 영향을 받는 것 같다.

베트남인의 오토바이 타기를 보면, 무엇이든 잘 하려면 엄마 뱃속에 있을 때부터 그 일에 친숙해질 필요가 있고, 어려서부터 생활의 일부로 습관적으로 꾸준히 하는 게 좋다.

오토바이를 타고 가는 아이들과 엄마들

오토바이를 운전하며 생활한 엄마가 낳은 아이와 그렇지 않은 아이의 오토바이 타는 능력에 대해서 연구를 해보면 흥미 있는 결과가 나올 것 같다.

둘째는 아이 때부터 오토바이를 타는 것이 생활화되었기 때문이다. 어린이는 물론 돌도 안 지난 아기가 두려움은커녕 태연하게 오토바이를 타고 가는 모습은 베트남 거리에서만 볼 수 있는 색다른 풍경이다. 걸음마보다 오토바이 타는 것을 먼저 배운다고 나 할까?

셋째는 지하철 등 대중교통수단이 발달되지 않은 베트남에선 이동하려면 어쩔 수 없이 오토바이를 탈 수밖에 없다. 누가 뭐래도 오토바이가 경제적 현실적인 교통수단이기 때문이다.

오토바이는 베트남인에게는 생필품이다. 남녀노소, 빈부귀천, 지역, 학력 구분 없이 베트남국민은 오토바이로 출퇴근, 장보기, 공연관람, 외식, 만남 등을 한다. 비 오는 날에도 비가 올 테면 오라는 듯 비옷을 입고 거리를 질주한다. 베트남국민은 오토바이 없는 생활은 상상도 못 한다.

도로에 넘치는 오토바이, 중앙선 침범은 일상

출퇴근 때 껀터시(Can Tho City)의 거리는 세상의 오토바이를 다 모아 놓은 듯 오토바이로 가득 찬다. 오토바이 사이는 불과 30여cm이다. U턴 할 때는 중앙선을 넘나든다. 그러나 누구 하나 불평하거나 두려워하지 않는다. 그런데도 사고는 별로 못 보았다.

교통법규가 있을 테지만 잘 눈 여겨 보면 눈치나 감각으로 운전한다고 보는 것이 맞다. 그러면서 서로를 배려하고, 과속하지 않는다. 그건 불문율이지만 법 이전에 서로가 지키는 무언의 약속이다.

오토바이 타는 모습을 보고 그들의 관계를 알 수 있다고 한다. 꼭 껴안고 타면 가족이나 연인, 손을 놓으면 손님, 그저 옷만 잡으면 친구라고. 하지만 나는 오토바이 기사와 연인이 아니어도 무서워서 기사의 허리를 껴안을 수밖에 없으니 오해 받을까 두려웠다. 그러나 아직은 어쩔 수 없다. 다리가 옆의 오토바이에 닿을 것 같고, 오토바이끼리 서로 부딪힐 것 같기도 하여 최소한 기사의 옷자락이라도 꼭 붙잡는다.

베트남인이 오토바이 타는 것을 보면 오토바이가 몸의 일부 같다. 게다가 오토바이 타기는 베트남인에게는 본능 같은 거다. 그러니 오토바이를 잘 탈 수밖에 없다.

홍강이 그린 하노이의 한반도

(Hanoi's Korean Peninsula drawn by the Red River)

비행기에서 본 하노이는 물의 도시로 보였다. 강과 호수 사이에 건물과 마을, 숲과 논밭이 있었다.

강들은 굽이굽이 굽이치며 자연스럽게 흘렀다. 자연 그대로, 생긴 그대로, 흐르고 싶은 그대로 흘렀다. 그렇게 흐르면서 강은 한반도 지도를 그려놓았다. 반갑고 신기했다.

하노이 하늘에서 본 홍강(紅江)이 그린 한반도

8월 14일 대한항공 479편을 타고 인천공항을 출발하여 예

정보다 늦게 하노이국제공항에 도착 했다. 근무지인 껀터시로 가기 위하여 셔틀버스를 타고 얼마 안 떨어진 국내선 공항으로 가서 탑승수속을 다시 마치고 베트남항공 1205편으로 갈아탔다. 베트남항공은 오후5시에 하노이공항을 이륙했다. 이륙 후 한 5분쯤 지났을까?

근데 이게 웬일일까? 영락없는 한반도 모습이 보였다. 아무리 보아도 한반도 모양이었다. 강이 제멋대로 흐르면서 그린 것이었다. 신기했다. 어떻게 저럴 수 있을까?

강이 흐르고 싶은 대로 흘렀기에 저런 작품이 만들어 졌으리라. 이것을 보면서 개발은 꼭 필요한 부분만 최소화 하고 자연은 자연스레 놓아두는 게 좋다는 생각을 다시 하였다. 출근하는 기분으로 베트남에 온 첫날, 하노이에서 자연이 만든 한반도를 발견하다니! 한-베트남 양국관계의 우호협력증진은 물론 나의 베트남활동도 기대 되었다.

한국과 베트남 우호협력은 기대 이상(Friendship cooperation between Korea and Vietnam exceeds expectations)

2017.11.24일 하노이 롯데호텔에서 한·베 국교수립25주년 및 국경일(개천절)기념행사가 열렸다. 행사장인 호텔6층 크리스털 룸은 수백 명 내외귀빈의 축하분위기로 가득했다. 양국의 우호협력이 만족스러움을 느끼기에 충분했다.

국경일 및 한-베 국교수립25주년 기념행사 장면

아프리카의 작은 나라 르완다와의 국교수립이 올해로 54주년인 점을 생각하면 한국과 베트남의 국교수립은 의외로 늦은 편이다. 그렇지만 한국과 베트남은 경제, 관광, 문화 분야에서 큰 협력과 진전을 이루었다. 특히 경제분야에서는 기적이다 싶을 정도로 급성장하고 있다.

양국의 경제분야 협력은 이혁 주 베트남한국대사의 경축사에
잘 나타나 있다.

"25년전 국교를 맺은 이래 한-베관계는 가히 '기적'과 같은
경이로운 발전을 지속해 왔습니다.
Indeed, year after year, Korea and Vietnam
relations have made remarkable achievements—
often likened to a "miracle"—since the two
countries first established diplomatic relations 25
years ago.

한국은 2014년부터 베트남 제1투자국으로서 금년8월까지
한국의 누적투자액은 $550억에 달했습니다. 베트남정부의
외국기업 투자유치에 대한 열의와, 근면하고 우수한 베트남
의 근로자들은 수많은 한국기업들이 단연 베트남을 최상의
투자대상국으로 선호하게 하고 있습니다.
Since 2014, Korea has become Vietnam's top
investor with a cumulative investment of
USD55billion as of August this year. The strong
commitment by the Vietnamese Government to
attract foreign investment, together with the
talented and diligent workforce in Vietnam has
made this country the most attractive and popular

investment destination for many Korean companies.

또한 금년10월까지 양국교역은 $520억에 이르러 2016년의
$451억을 크게 초과할 기세로서, 이는 양국 지도자들이 합
의한 2020년까지 $1,000억 목표를 달성할 수 있을 것이라
는 믿음을 더욱 강하게 해 주고 있습니다.
올해 베트남은 한국의 제4무역상대국으로 지속될 것이며, 한
국은 베트남의 제2무역상대국으로 한 단계 도약할 가능성이
높아 보입니다.

Also, two-way trade between Korea and Vietnam
has reached USD52billion as of October this year,
making yet another new record since last year when
we reached USD45.1billion. Given this momentum, I
am certain that our two countries will attain our
target volume of USD100billion by 2020 as agreed
by our leaders.

This year, Vietnam will remain firm as Korea's
fourth largest trading partner. Korea, on its part,
appears to be on its way to advance forward to
become Vietnam's second largest trading partner."

베트남정부 역시 한국과 베트남의 전략적 동반자관계가 지속
발전되기를 기대하고 있다. 베트남정부를 대표한 NGUYEN

CHI DUNG 기획투자부 장관의 축사를 보자.

"큰 성과를 쌓아가면서, 베트남정부와 국민은 양국의 전략적 동반자관계를 중요시하며 기꺼이 더욱 발전시키고 있습니다. 우리는 한국과 고위급 합의를 효과적으로 이행하며, 모든 분야에서 협력을 강력히 촉진하고, 이 지역과 세계의 평화, 안정, 협력과 발전에 기여하기를 바랍니다.

Building on our great achievements, the Government and people of Vietnam always attach great importance to and are always willing to further develop the Strategic Partnership between the two countries. We wish to effectively implement high-level agreements with Korea, strongly promote cooperation in all fields, bringing the benefits for our two peoples and contribute to peace, stability, cooperation and development in the region and the world."

양국대표의 축사에서 나타난 바와 같이 한국과 베트남 관계가 더욱 돈독해지고, 서로 협력하여 양국이 번영하고 지역과 세계의 평화와 안정에 기여할 것으로 믿는다.

행사장을 나왔다. 외국인데도 택시를 타고 호텔로 가는 길의 하노이 밤 풍경은 그다지 낯설지 않았다. 양국관계가 짧은

기간에 비약적인 발전을 한 데는 이런 정서와 문화의 동질
감도 한 몫 했으리라.

그리고 한국의 본 뜻은 아니었지만, 어쩔 수 없이 월남전에
참여하여 베트남인에게 안겨준 아픔과 슬픔에 대하여 나는
한국인의 한 사람으로 용서를 빌었다.

베트남 자동차시장 급증, 대책 절실(Vietnam's automobile
market is soaring, and measures are urgently needed)

껀터, 호치민, 하노이를 보면 베트남의 자동차시장 미래는
밝고 오토바이시장은 어둡다. 3도시 중 크기도 적고 발달도
덜된 껀터시의 거리엔 자동차 보다 오토바이가 많다.

27.11월에 베트남식품박람회 참관 차 호치민을, 한-베 국교
수립25주년 기념행사 참석차 하노이를 다녀왔다. 버스, 택시,
오토바이를 타기도 하고 걷기도 하면서 시내를 보았다. 하노
이와 호치민의 자동차와 오토바이 운행과 도로상황이 껀터시
와 완전히 달랐다.

도시가 발달하고 산업화 규모화 할수록 교통수단이 오토바이

32

에서 자동차로 바꾸어지는 것이 확실하다. 발달된 도시일수록, 소득이 높은 곳일수록 승용차와 대중교통수단인 버스 통행량이 많았다.

수도 하노이는 이미 자동차의 도로점유율이 오토바이의 도로점유율을 넘어섰다. 하노이 중심시가는 확실히 오토바이보다 자동차가 우세하다.

하노이 거리의 오토바이를 제친 자동차 물결

그러나 경제도시로 알려진 호치민은 아직은 자동차와 오토바이 도로점유율이 반을 조금 넘어선 것으로 보인다. 호치민은 자동차와 오토바이 전용도로가 있을 정도로 두 교통수단이 아직은 어깨를 나란히 하고 있다. 예를 들어 6차선 도로의 경우 왕복 1.2차선은 자동차가 달리고 3차선에 오토바이가 다닌다. 통계를 들어 설명할 필요가 없이 눈으로 보아도 확실히 차이가 난다.

호치민의 자동차 전용도로

껀터의 오토바이 물결

껀터시의 도로는 오토바이물결이다. 그러나 껀터는 호치민과 하노이 등과 함께 예상보다 빠르게 대도시화 하고 있다. 게 다가 베트남의 자동차 증가는 관세인하로 더욱 탄력을 받고 있다. 동남아국가연합(ASEAN) 역내의 자동세관세가 아세안 상품무역협정(ASEAN Trade in Goods Agreement, ATIGA)에 따라 2015년50%에서 올해30%, 내년0%로 낮아질 계획이어서 베트남 자동차시장은 더욱 빠른 성장이 예상된다.

베트남 자동차생산협회(VAMA, Vietnam Automobile Manufactures' Association)에 의하면 2013년베트남의 자동차시장은 약10만대 판매에 불과했다. 3년후인 2016년에는 2013년의 3배가 넘는 30만4천대로 급증했다. 더구나 승용차 증가율이 상용차 증가율보다 훨씬 높은 점을 눈여겨 봐야 한다.

따라서 베트남정부는 대도시의 자동차 증가에 대비한 교통대책을 미리 세워 미래에 닥칠 교통대란을 사전에 막을 필요가 있다. 그렇지 않으면 도시 발달은 시민에게 행복을 가져다 주기보다 불편함을 안겨줄 것이다.

이런 측면에서 보면 2017.07.04일 베트남하노이인민위원회가 2030년부터 하노이 10개중심가 구역에서 오토바이운행을 금지시키는 결의안을 통과시킨 것은 잘 한 일이다. 그러나 오토바이 운행금지는 잘 못하면 서민의 발을 묶는 결과를 초래하므로 대중교통수단인 시내버스의 확충과 지하철(도시철도) 신규건설, 도로확충 등의 대책이 병행되어야 한다.

베트남 오토바이의 최대 공급사인 혼다도 베트남 오토바이시장의 미래가 어둡다는 것을 감지하고 이에 대한 대책을 세우는 것으로 알고 있다. 베트남 오토바이 수요가 급감하는 것을 극복하고 어떻게 회사를 키워 나갈지 궁금하다.

유비무환(有備無患), 미리 준비하면 화가 없다는 말이다. 더 나아가 미래는 준비하는 사람의 몫이다. 이르다고, 아직은 아니다 고 할 때 미리 다가올 미래를 대비하는 것이 현명하다.

내가 본 하노이와 호치민은 예전에 자전거가 사라지듯 머지않아 오토바이시대는 가고 자동차시대가 올 것이다. 껀터시도 빠르느냐 늦느냐 차이뿐이지 마찬가지 일 것이다. 베트남 대도시에 불어 닥치는 오토바이 급감과 자동차 급증에 대해 지금 준비해도 결코 이르지 않다.

2 베트남인은 느긋하며 미안하다는 말에 인색해
(The Vietnamese are relaxed and mean to say sorry)

베트남인은 서두르지 않는다(2018.08.05 동아일보 게재)
(The Vietnamese are not in a hurry)

2017.8월부터 베트남 남부의 껀터시에 위치한 한국-베트남 인큐베이터 파크에 근무한 뒤 베트남에 진출하려는 한국인을 많이 만났다. 이들과 e메일, 소셜 네트워크 서비스(SNS)등 온라인으로 의견을 나누기도 했다. 그런 과정에서 필자가 느낀 점은 대체로 이렇다.

먼저 베트남에 진출하려는 사람들이 현지 사정을 너무 모른다. 신문기사 수준의 정보만 믿고 사업을 추진하는 사람도 많다. 또 한국제품의 품질이 좋으니 수출만 하면 쉽게 판매할 수 있을 것이라고 생각하는 사람도 많다. 이벤트 성 홍보에 치중해 박람회나 전시회에서 제품 홍보하는 것을 해야할 일의 전부라고 생각하는 것 같다. 양해각서 등 외형적 실적에 집착할 때도 있다. 어떤 사람은 베트남의 요구보다는 한국기업 의도에 현지 사업을 끼워 맞추려고 한다. 이렇게 해서는 일반 중소기업이 베트남에 진출해 성공하기 어렵다.

그렇다면 어떻게 해야 할까?

먼저 진출하고자 하는 분야에 대한 사전조사와 준비를 철저히 해야 한다. 현지 상황을 정확히 파악하고 그에 맞는 대책을 마련해야 한다. 또 제품이 우수하다는 것을 객관적으로 증명해야 한다. 약간 투자비가 들더라도 제품의 우수성을 증명하는 게 현지 진출에는 훨씬 효과적이다.

지속적인 홍보도 필요하다. 특정 이벤트에서 제품을 홍보하는 것도 중요하지만 행사 이후 지속적인 관심을 갖고 알리는 게 효과가 더 크다. 행사 때 명함, 연락처를 받았다면 이들과 꾸준히 연락을 하면 홍보효과가 크게 높아진다. 양해각서를 체결했다면 관련사항을 차근차근 이행하는 성실함을 보여줘야 한다. 서두를 필요는 없다. 베트남인은 급하지 않고 서두르지 않는다.

베트남인은 느긋할 뿐 아니라 미안하다는 말에 인색하다. 잘못 했어도 잘못을 인정하는 것은 말할 것도 없고 빈말이라도 미안하다는 말을 거의 하지 않는다. 자존심이 강하고, 고집도 센 편이다. 일을 하는 데 융통성이 적고 창의성이 떨어진다. 이런 점은 사회주의 영향도 큰 몫 하는 것 같다.

한국에서 60~70년대 코리언 타임이라는 말이 있었듯, 아직도 베트남인은 시간을 잘 지키지 않아 베트남 타임이 있다.

행사 등 정해진 시간보다 1시간 정도 늦는 것은 보통이다. 그리고 약속을 가볍게 여겨 일을 그르칠 수 있다. 약속을 안 지키는 것을 아무렇지 않게 생각하는 경향이 있다. 신뢰에 문제가 있다는 뜻이다.

베트남인의 이런 점을 감안해서라도 사업 등을 성공하기 위해서는 현지 파트너를 키워야 한다. 한국인이 직접 모든 것을 다 해결하는 것은 쉽지 않다. 현지에서 필요한 일을 함께하는 파트너가 있는 게 좋다. 파트너가 제품을 많이 팔아 돈을 벌면 해당제품을 수출하는 기업은 당연히 돈을 번다. 제품이 아무리 우수해도 현지환경에 맞지 않으면 소용없다.

베트남은 15~39세가 인구의 41.8%를 차지하는 젊은 국가다. 인적 자원은 물론 농산물도 풍부하고 저렴하다. 특히 베트남 남부 메콩델타는 연간 한국의 4배인 1억6700만t의 쌀을 생산하는 농산물의 보고다. 더 많은 한국기업의 베트남 진출을 기대한다.

■ **필자 주**
....

행정기관과 업체 등을 방문하면 대체로 도지사, 시장, 국장보다는 부지사, 부시장, 부국장과 면담을 하게 된다. 업체도 마찬가지로 부회장, 부사장을 만나게 해준다. 그들과 면담결과 이익이 있고 어느 정도 확실하면 기관장을 만날 수 있다.

베트남인은 이름은 몰라도 kg은 안다
(Vietnamese may not know their name, but they know kg)

베트남사람은 이름은 몰라도 kg은 안다. 물건을 사고 팔 때 쓰는 거래 단위가 개수가 아닌 무게여서 kg과 저울 보는 법을 모르면 살기가 몹시 불편하기 때문이다.

앉은뱅이 저울로 망고 무게를 재는 시장 아주머니

베트남에서는 망고 몇 개, 배추 몇 포기, 낙지 몇 마리로 거래되지 않는다. 곡류, 채소, 과일, 생선, 고기 등은 개수에 상관없이 무게를 달아 kg으로 거래한다. 쌀, 대파, 상추, 배추, 망고, 파파야, 소고기 등 모두가 무게를 달아서 사고

40

판다. 대형마트는 물론 재래시장에서도 마찬가지다.

예를 들어 '망고 한 개 줘요.' 하면 반드시 무게를 달아서 가격을 정한다. 망고1개라도 무게에 따라서 가격이 다 다르다. 재래시장에서 배추 한 포기를 샀더니 저울로 무게를 달은 후에 값을 매겼다.

크기가 제법 큰 두리안, 잭푸르트, 수박 등의 과일도 마찬가지로 무게를 재야 가격이 정해진다.

'물건을 들고 한 개, 한 마리, 한 포기가 얼마에요?'라고 물으면 반드시 100% 먼저 저울 위에 얹어 무게를 재며 저울 눈금을 가리키며 보라고 한다. 그 무게에 각 품목의 1kg가격을 곱해서 가격을 정한다.

처음엔 이상했으나 몇 번 장을 보고 나니 합리적이란 생각이 들었다. 다만 품질이 가격에 반영되지 않는 것 같아 처음엔 아쉽게 생각했다.

그러나 시간이 지나면서는 아쉬워하지 않아도 되었다. 왜냐면 같은 품목이라도 kg의 가격은 품질을 따져 다르게 정하기 때문이다. 따라서 같은 품목이라도 품질이 좋으면 kg의 가격이 높고, 질이 떨어지면 kg의 가격이 낮다.

날씨가 덥기 때문에 과일은 상(傷)하기 쉽다. 때문에 수박이나 잭푸르트 등의 과일은 1인이 먹기에 많아서 한 개를 사기가 부담이 될 수 있다. 그러나 베트남에서도 한국에서와 같이 이들 품목은 쪼개서 팔기 때문에 걱정 안 해도 된다. 그 가격도 무게에 따라서 가격표가 붙어 있다.

만약 저울이 없어진다면, 물품거래는 멈출 것이다. 물건의 거래는 저울이 있다는 전제하에 가능하다. 모든 물건의 거래는 무게를 단 뒤 가격을 정하여 이루어지기 때문이다.

베트남에서 물품 거래단위는 kg이다. 베트남사람은 집 주소는 몰라도 kg은 알고 글은 못 읽어도 저울 눈금은 읽는다. 재래시장 아주머니도 시골 할아버지도 어린 아이도 마찬가지다. 생활을 잘 하기 위해서는 kg(베트남인은 kilogam 또는 kilôgam이라 한다.)을 알고 저울질 하는 법을 익혀야 하는 까닭이다.

혼란스런 전깃줄과 태평한 시민

도시의 미관, 안전, 편리함 그리고 효율적 공간이용을 위해 현대도시는 대부분 전선을 비롯해 광케이블, 상하수도 배관 등을 지하화하고 있다. 베트남 하노이와 호치민의 일부도 전선 등이 지하화되어 있다. 그러나 베트남 껀터시는 아직 그렇지 못하다.

전깃줄은 땅 위에 세워진 전신주와 전신주로 이어져 있다. 시내를 걷거나 차를 타고 다니다 수십 수백 가닥이 얽히고 설켜있는 전선을 보면 무척 혼란스럽다. 금방이라도 합선이 되거나 탈이 생겨 무슨 일이 벌어질 것 같아 걱정도 된다.

크기도 모양도 비슷한 수백 가닥의 전깃줄이 공중에 떠 있다. 이들은 전신주에서 만나면 휘감겨 실타래처럼 얽히고 설킨다. 너무 혼란스럽고 염려스럽다. 인간의 뇌보다 복잡해 보인다.

'전기공은 이런 전선쓰임새를 어떻게 알 수 있을까? 전선엔 이름이 쓰여 있는 걸까?'
껀터 거리에 거미줄처럼 걸려있는 전선을 보면서 혼자 중얼 거린다.

이웃나라 캄보디아 수도 프놈펜도 사정은 마찬가지다. 껀터시 보다 더했으면 더했지 덜하지 않았다. 공중에 전깃줄 그물을 쳐 놓은 것 같았다. 전신주는 전깃줄 나무 같았다. 그 옆을 지나가면 감전될 것 같은 두려움도 있었다. 정말 불안, 불안했다.

캄보디아 수도 프놈펜 거리의 혼란스러운 전깃줄

한국도 일부 시골은 전선이 지하화 되지 않은 곳이 있다. 이런 지역에서는 까치(Magpie)가 전신주 위나 변압기에 집을 지어 종종 합선이 일어나 변압기가 터지는 일이 일어난다. 그런데 껀터시에서는 새나 폭풍우 등으로 전선이 합선되거나 변압기가 터져 정전이 일어났다는 말은 아직 들어보지 못했다.

이방인인 나는 수백 가닥이 얽히고설킨 전선을 보면 잔뜩

긴장이 된다. 비가 내리거나 강풍이 불 때는 더욱 그렇다. 하지만 여기 껀터 사람은 태평하다. 비옷 하나 걸친 채 오토바이를 타고 그런 전깃줄 옆이나 아래로 빗속을 씽씽 달린다. 도심 강 위엔 물건을 가득 실은 배들이 아무렇지도 않다는 듯 오간다.

아파트 주변 거리의 전선과 스피커, 멀리 아파트가 보인다

합선 등 아무 일도 일어나지 않는 것이 신기할 따름이다. 궁금하여 현지인을 만나면 걱정 안 되냐고 묻는다. 괜찮단다. 몇 십 년을 그렇게 살아왔는데 아무렇지 않았단다. 앞으로도 큰 문제가 없을 거란다. 묻는 나 혼자 호들갑을 떠는지 모른다. 살아온 체험에 비추어 그들 말이 맞을지 모른다.

하지만 여건이 성숙되어 도시를 정비하거나 새로운 지역을 개발할 때는 선진국의 현대도시처럼 전선의 지하화가 이루어

졌으면 한다. 그래서 보다 안전하며 편리하고 쾌적한 껀터로
탈바꿈했으면 한다.

Tangled power wires and easy-going citizens

For the beauty, safety, convenience, and efficient
use of space in the city, most modern cities mostly
underground the electric wires including optical
cables and water & sewage pipes. The electric wires
etc. are also underground at some parts of Hanoi
and Ho Chi Minh City in Vietnam. Can Tho city in
Vietnam is still not so.

The power wires connected from an electric pole to
an electric pole stood on the ground. It is very
confusing to see the tangled wires of dozens and
hundreds between poles, walking or taking a car in
the city. It is likely that something will happen due
to peeling an electric wire. I am worried, too.

When I meet local people, I ask if you are worried

or not. They say, "It is okay. We have lived like this for a few decades and it was fine. There will be no big problems in the future." Probably I may be troubled alone. They may be right in light of their experience of living.

When the conditions will be mature and the city will improve or a new area will take developed, Hoped is that the electric wires will underground like the modern city of the developed countries. I expect Can Tho city to change into a safer, convenient and pleasant place.

자기 삶에 만족하는 목공
(A woodcutter who is satisfied with his life)

자기 삶에 만족하는 사람이 얼마나 될까? 많지는 않을 테지만 그런 사람이 있다. 내가 본 청년 목공이 그런 사람 중의 하나로 여겨진다.

집에서 시장 가는 길옆에 조그만 목공소가 있었다. 걸어서 시장 갈 때마다 보면 앳되어 보이는 소년이 혼자 나무조각을 했다.

조각하는 Mr. Le Van Trung

몇 번 양해를 구하고 안으로 들어가 구경을 했다. 몇 점의
완성된 작품이 웃음으로 나를 반겼다. 실내는 온통 나무부스
러기 등이 어지럽게 흩어져 있었고 먼지투성이였다. 하지만
그런 가운데서도 수십 가지의 조각용 공구들만은 나무 널빤
지 위에 가지런히 놓여있었다.

목공은 내가 보거나 말거나 오직 조각만 만들었다. 그에게
방해가 되지 않도록 한 쪽에 서서 조용히 일하는 모습을 구
경했다. 나무 방망이로 끌 머리를 살살 두들겨 이리저리 조
각하는 모습이 놀라웠다. 끌 두들기는 소리가 타악기 소리처
럼 들렸다. 아니 악기소리보다 훨씬 더 리드미컬하고 좋았다.
한국 아낙네들의 다듬이질 소리를 연상하게 했다.

나무를 다루는 기술 또한 남달랐다. 나무방망이와 끌만으로 나뭇결을 mm수준으로 깎아 내거나 쪼아 냈다. 작품을 만드는 솜씨는 물론 열정도 대단했다.

얼마쯤 지났을까? 그가 작업을 멈추었다.
"대단해요. 이 일을 한지 얼마나 되었어요?"
나를 쳐다보았다. 웃었다. 정말 앳되어 보였다.
"10년 되었어요."
"10년이라고요? 10대소년처럼 보이는 데요."
그는 수줍어했다.
"25살이에요."
25살이라는 그의 말에 내 귀를 의심했다. 그러나 맞았다. 청년은 나이에 비해 정말 어려 보였다. 어린애처럼 천진무구(天眞無垢)해 보이기까지 하였다.

"매일 이렇게 어두컴컴한 곳에서 이런 일만하면 지겹지 않나요?"
"아니요. 좋아요."
지겹다는 말 대신 좋다는 말이 나의 호기심을 자극했다.
"지금 하는 일에 만족해요?"
"예."
아무 망설임 없이 대답했다.

청년은 정말 자기가 하고 있는 일을 좋아하고 자랑스러워했다. 자기가 원하는 조각이 완성되면 정말 즐겁고 기쁘다고 했다.

그 청년 목공예가 이름은 Mr. Le Van Trung이라고 했다.

나는 그 나무 조각가에 대해 더 알고 싶어 한 달 뒤쯤 다시 그곳을 찾았다. 결혼은 했는지? 공부는 얼마나 했는지? 이 일을 한 계기가 무엇인지? 누구에게서 어디서 어떻게 배웠는지? …등을 알고 싶었다. 그러나 그곳에 그 청년은 없었다. 사람들은 그 집이 재개발예정이라 청년이 다른 곳으로 이사를 갔다고 했다. 청년이 이사 간 곳을 물었지만 아는 사람이 없었다.

그 뒤 나는 청년을 더 만날 수 없었다. 하지만 청년 목공예가의 해맑은 미소와 평화로운 얼굴은 잊혀 지지 않는다. "자기 삶에 만족한다."는 그의 주저 없는 대답이 가끔 귓가를 맴돌기도 한다.

그를 만날 수는 없다. 그러나 그 목공의 삶은 내가 살아가는 데 힘이 되어주고 있다. 나도 그 청년처럼 나의 삶을 사랑하고 삶에 만족하며 살고 싶다. 내 마음과 얼굴에 웃음꽃을 피우고 싶다.

A young woodcutter satisfied with his life

How many people are satisfied with their lives? Not so many, but there are persons like that. The young woodcutter I have seen must be one of those people After meeting him one time, I have not met him.

The young carpenter's life is giving me strength to live. I'd like to love my life and to be satisfied with my life like that young boy. I want to have a smile on my heart and face.

3 언어장벽 높아 베트남어 모르면 생활하기 불편(High language barrier, making life difficult if you don't know Vietnamese)

Chuối가 뭘까요? 베트남어 모르면 생활하기 어려워(What is Chuối? It's hard to live if you don't know Vietnamese)

베트남의 언어장벽은 생각보다 높다. 외국인이 베트남 생활에서 부딪히는 큰 문제 중 하나가 언어장벽이다. 아마 한국보다 더하면 더했지 덜하지 않다.

온통 베트남어로 된 거리, 상가, 건물의 간판과 표지판

이유는 첫째 공용어가 베트남어이다. 정부기관의 공문서, 교과서, 거리의 간판, 교통표지판, 마트의 상품명과 설명서 등

거의 모든 게 베트남어로 되어 있다. 일상생활에서도 베트남어 이외의 언어는 거의 사용되지 않는다. 이러다 보니 일반인들은 영어소통이 잘 안 된다.

소금과 설탕을 산다는 게 잘 못 산 1kg와 454g짜리 조미료

이 때문에 베트남에서 물건을 사며 웃지 못 할 경험을 했다. 롯데마트에 가서 물건을 사왔다. 소금, 설탕과 조미료를 산다고 샀는데 집에 와서 보니 설탕은 없고 조미료만 2봉지가 있었다. 이들 물품의 진열대가 붙어 있으며 포장의 상품명과 설명이 베트남어로 되어 있고 물건의 색깔과 모양이 비슷해서 일어난 일이다.

둘째 베트남어는 몇 가지 고유특징이 있다.
베트남어알파벳은 영어알파벳을 사용하지만 영어알파벳과 다른 점이 많다.
우선 영어는 26자이지만 베트남어는 29자다. 영어는 모음이

5, 자음이 21이지만 베트남어는 모음이 12, 자음이 17이다. 영어에 있는 F, J, W, Z가 없는 대신에 Ă, Â, Đ, Ê, Ô, Ơ, Ư이 더 있다.

뿐만 아니다. 6개의 성조(聲調)가 있어 같은 단어라도 성조의 유무, 성조의 종류에 따라서 뜻이 다르다. 거기다 Ă, Â, Đ, Ê, Ô, Ơ, Ư와 같은 글자 위아래에 5개성조부호까지 표기하면 아주 요상한 모양의 글자로 보인다. 아주 낯설다. 6개 성조 중 첫 성조는 아무 부호가 없는 것을 말한다. 성조부호는 5개만 있다.
어순(語順)이 주어→동사→목적어 순이어서 주어→목적어→동사 순인 우리말과 다르다. 물론 영어권사람은 친숙할 것이다.

수식어인 형용사가 명사나 피수식어 뒤에 온다. 영어를 비롯한 보통 대부분의 언어에서 형용사는 피수식어 앞에 오는 것과 반대다.

셋째 베트남어가 외국인을 궁지에 몰아넣는 게 있다. 세계 어디서나 일반적으로 통용되는 바나나(Banana), 파인애플(Pineapple)등도 영어발음과 전혀 다른 Chuối(쪼이), Trái Dứa(짜이즈어) 또는 Trái Khớm(짜이콤)으로 쓰고 말한다. 한국같이 한글사랑이 유별난 나라에서도 바나나, 파인애플은 쓰기는 한글로 쓰지만 발음은 영어표현을 거의 그대로 따르

는데 말이다. 그래서 바나나, 파인애플 하면 알아듣는다

헌데 베트남에서는 그렇지 않다. 자기들 고유의 이름을 쓴다. 바나나를 보고 그냥 발음 나는 대로 베트남어로 바나나라고 표기하면 편리할 텐데 그렇지 않다. 바나나 파인애플과 전혀 다른 발음으로 생뚱맞게 불러진다. 마트에서 바나나를 샀더니 영수증에 Chuối unifarm, 토마토는 cà chua da lat 라고 적혀 있었다. 이러다 보니 물건, 거리 이름 등이 잘 안 외어진다.

베트남인의 베트남어 사랑은 알아 줄만한 하다. 아파트 같은 곳도 출구를 'EXIT'로 표기한 것 말고는 모두 베트남어다. 무슨 공고가 붙어 있어 보아도 전부 베트남어라 속된 말로 죽인다는 지 살린다는 지 알 길이 없다.

넷째 베트남어는 표준어가 셋이나 된다. 베트남 북부, 중부, 남부에서 사용하는 표준어가 다르기 때문이다. 지역별 TV방송은 자기지역 표준베트남어를 사용한다. 베트남 본토사람도 다른 지역사람 말을 알아듣기 어렵다고 실토할 정도다.
따라서 베트남에 정착해서 영업을 하거나 장기간 거주를 하는 경우는 베트남어 배우기를 권한다. 공부하기가 싫다면 일상생활에 자주 쓰는 생활베트남어라도 차근차근히 배우면 도움이 된다.

Chuối. 베트남말로 바나나다. 이런 베트남어가 판을 치지만, 베트남어를 몰라도 정부나 공공기관 등에서 활동하는 데는 큰 걱정을 안 해도 된다. 웬만하면 영어소통이 가능하기 때문이다. 이게 안 되면 영어를 잘 하는 직원으로 하여금 베트남어로 통역하도록 하면 된다. 또 다행인 것은 요즘엔 삼성 같은 대기업진출이 확대되고 한류의 영향으로 한국말을 할 수 있는 베트남인이 늘어나 한국말 통역사 활용이 예전보다 쉬어졌다고 한다.

하지만 영어는 물론 베트남어도 잘 하는 게 좋다. 자기가 하고 싶은 대로 베트남어로 자기표현을 하고 설명할 수 있다면 얼마나 좋으랴! 이 또한 저를 포함 많은 외국인의 바람이기도 하리라.

■ 필자 주

1. BigC마트 영수증에 바나나를 Chuoi Unifarm으로 표기했는데, 여기서 Unifarm은 캐나다에 본사를 둔 비료, 농약 제조와 농산물 수출회사를 뜻하는 것으로 보인다. 마트에서는 베트남어에서 성조 등을 빼고 사용하며, 실제로 바나나는 성조가 있는 공식적인 베트남어로는 Chuối다.

2. 파인애플은 Trái 대신 Quả를 쓰며, 과일을 뜻해서 이런 말을 빼고 그냥 Dứa로 말하기도 한다.

껀터시, 간판의 두 영어단어

껀터시의 간판은 99%가 베트남어라 영어간판은 찾기 어렵다. 영어간판이 보인다면 karaoke(가라오케), massage(마사지), coffee(커피), bank(은행), hotel(호텔) 정도다. 이중 가라오케와 마사지는 간판 100%가 영어다. 커피, 은행, 호텔 간판은 베트남어나 영어로 쓰거나 베트남어와 영어를 함께 쓴다.

커피는 영어 coffee를 그대로 사용한다. 하지만 coffee shop 또는 coffee house(커피 점)라는 간판은 드물다. 프랑스어 Cafe나 프랑스어가 베트남어로 바꾸어진 CàPhê (CaPhe)를 주로 사용하며 거기에 coffee를 함께 적어 놓기도 한다.

껀터시에는 카페가 아주 많고, 게다가 간판이 영어알파벳으로 잘 되어 있어 어디서나 커피를 마실 수 있다. 간단한 음식까지 먹을 수 있는 카페도 쉽게 찾을 수 있다. 카페를 즐겨 이용하며 커피를 많이 마시게 되는 이유 중의 하나다.

은행은 베트남어로 ngân hàng이라고 한다. 한국말 은행과 비슷한걸 보면 한자 銀行(은행)에서 유래된 게 분명하다. 은행간판은 ngân hàng, bank, ngân hàng+bank로 되어 있다.

호텔은 베트남어로 khách sạn(칵산)이다. 베트남에 온지 얼마 안 되어 메콩델타 하우장성, 안장성 출장을 다녀와서 khách sạn이 호텔인 줄 모르고 칵산호텔에서 자고 왔다고 이야기 하며 웃은 일이 있다. 껀터시내 큰 호텔은 hotel로 간판이 되어있지만 아직도 khách sạn이나 영어를 같이 쓴 간판도 많다.

은행, 호텔과 달리 공공기관, 학교, 일반건물, 거리, 상점의 간판은 몇 곳을 빼고는 거의 베트남어로 되어 있다. 정부기관 즉 한국의 시청, 군청이나 구청 등에 해당하는 기관간판도 베트남어다. 그러다 보니 거리의 수많은 간판을 보아도 뜻을 전혀 알 수가 없다. 뜻을 모르니 건물이나 거리이름, 장소 등의 기억이 잘 안 된다. 이 때문인지 부끄럽지만 껀터 생활 20개월이 넘은 지금도 껀터시의 거리나 건물이름을 잘 모른다. 시청이나 큰 호텔 몇 개를 빼고는 어디서 만나자고 하면 찾아가기 쉽지 않다.

껀터인의 베트남어 사랑은 유별나다. 이런 껀터에 베트남어를 제치고 영어로 터줏대감 노릇을 하는 karaoke(가라오케)와 massage(마사지)를 보면 정말 대단하다는 생각이 든다.

가라오케는 한국의 노래방과 비슷한 일본말을 발음 나는 대로 표기한 영어다. 그런데 가라오케가 베트남어가 아닌 영어로만 간판에 사용되는 까닭을 추정해보면 이렇다.

첫째, 일본에서 들어온 게 분명하고, 둘째 이전에는 껀터에 이런 것이 없어 이를 나타내는 베트남 고유이름이 없으며, 셋째 1940년대 일본군의 베트남주둔, 넷째 전쟁 후 일본의 정략적인 막대한 베트남지원, 다섯째 일본의 무시 못 할 경제적 영향이 복합적으로 작용한 산물이라 본다.

파라다이스 karaoke

이곳 가라오케는 한국 노래방과 달리 패밀리(Family) 가라오케가 대부분이어서 가족들이 같이 가서 즐긴다. 한국사람 못지않게 껀터 사람은 노래하기를 좋아하기 때문이다. 아파트주변을 산책하다 보면 집 안에서 마이크를 잡고 노래를 하는가 하면 거리파티에서도 노래가 빠지지 않는다.

마사지는 서양에서 유래한 외래어이다. xoa bóp이라는 베트남 말이 있기는 하지만 간판에는 100% massage라고 쓴다. Massage 영어가 간판에 그대로 사용되는 까닭은 이용하는 주 고객이 외국관광객 때문이라고 본다. 이런 현상은 비단 베트남뿐만 아니라 캄보디아, 라오스 등 동남아국가 대부분이 다 똑 같다. 다만 베트남의 경우 발음은 마사지로 들리지 않고 '마사'라고 들린다.

KQ massage

앞으로는 가라오케와 마사지 이외에도 다른 기관이나 상호 이름까지 간판에 영어로 표기되었으면 한다.

간판이 뭔가? 간판이 설치되어 있는 건물 등의 이름 아닌가?

그렇다면 간판은 보는 사람이 쉽게 이해하고 기억할 수 있어야 좋다. 꼭 베트남어만 고집할 이유가 없다.

지금까지는 껀터시에는 베트남사람이 대부분이어서 베트남어 간판만 있는 것이 문제되지 않았을지 모른다. 그러나 이제는 껀터에도 30~50명으로 추정되는 한국인을 포함하여 수백 명 이상의 외국인이 활동하고 있다. 그뿐 아니다. 베트남 국립관광청 자료에 의하면 2017년 껀터를 찾은 외국인이 750만 명이나 되었다고 하니 베트남어 간판을 영어로 바꾸는 문제를 긍정적으로 검토할 때가 되었다.

간판 바꾸는 예를 하나 들면 간판에 베트남어를 쓰고 옆이나 아래 어디에든지 영어를 작게라도 써 주었으면 한다. 이렇게 하면 껀터를 찾는 외국관광객들이 좀 더 편안하게 여행할 수 있을 것이다. 그러면 그들의 여행 즐거움이 커질 것이고, 이에 힘입어 외국관광객도 늘어날지 누가 아는가? 껀터시 관계당국의 적극적인 호응을 기대한다.

■영어

Two English words on signboard in Can Tho city

Now Vietnam positively considers the issue of

changing the Vietnamese signboards to the English. One example of changing signboards is to use Vietnamese on signboards, and to write English small anywhere near or below. This will make it more comfortable for foreign tourists to visit and travel to Can Tho. Who knows then that their travel enjoyment will grow, and that will increase the number of foreign tourists as a result? I look forward to the active response from the relevant authorities in the Can Tho city.

The 99% of the signboards in Can Tho city are in Vietnamese, so the English ones are few found. If you see an English signboard, it is about karaoke, massage, coffee, bank and hotel. Among them, 100 percent of karaoke & massage signboards are in English. The signboard of coffee, bank and hotel is written in Vietnamese or English, or in combination with Vietnamese and English.
Signboards are good to be easily understood and used by everyone.

모를 때 베트남인은 어떤 행동을 할까?
(What gestures do Vietnamese make when they don't know?)

말이 안 통할 경우 가장 쉬운 해결방법의 하나는 보디랭귀지(신체언어)의 사용이다. 그 중에서도 손짓 발짓이 많이 사용되고, 둘 중에서도 손짓이 우선한다. 손짓은 보기에 거부감이 적으며 다양한 표현을 쉽고 간편하게 할 수 있기 때문이다.

장을 보러 가 값이나 물건 이름을 영어로 물으면 잘 못 알아듣는다. 무슨 말인지 모른다. 그러면 그들은 대부분 오른손을 들어 손목을 돌리며 손을 흔든다. 이런 손짓으로 모른다는 것을 간단하게 표현한다. 한국 어린이들이 별의 반짝거림(Twinkling)을 표현할 때 '반짝 반짝 작은 별' 노래 부르며 흔드는 손 모습과 흡사하다. 흔드는 속도가 빠른 게 다르다.

맨 처음 이런 모습을 접했을 때는 좀 이상했다. 호기심도 컸다. 그러나 그것이 '모른다.'는 뜻임을 안 뒤부터는 나도 가끔 모른다고 말하고 싶을 때는 không biết(모른다.)이라고 말하기보다는 베트남인과 같은 손짓을 하게 된다.

그 손짓언어가 때로는 말로 하는 것 보다 서로를 가깝게 만

들어주는 기분이다. 내가 따라 하는 그런 손짓이 시장 아주
머니들에게는 재미있는 모양이다. 배꼽 빠질 듯 막 웃는다.
웃는 중에 서로가 친밀해지는 것 같다.

손 흔들다 웃음이 터진 재래시장 아주머니의 환한 미소

껀터시내 거리를 걷다가 길을 묻거나 할 때 역시 모르면 거
의 대부분이 오른 손을 들어 별 모양을 하며 흔든다. 아직
'콩 비엣(모른다.)'이라고 말로 하는 사람은 만난 기억이 없
다. 오히려 내가 '콩 비엣'이냐고 물으면 그렇다고 한다.
길 위에서만 그런 게 아니다. 상점, 커피숍, 백화점, 식당에
서는 물론 사원의 스님도 마찬가지다. 나이가 다소 들어 보
이는 여 스님도 그랬다.

이런 손짓은 '아니다(No).'의 표현으로도 사용된다. 같은 손짓이라도 상황과 물음에 따라 '모른다'와 '아니다'가 된다. '모른다'와 '아니다'는 전혀 다른 뜻인데도 그런다. 이런 점은 손짓언어의 장점이자 단점이기도 하다.

'모른다, 아니다'를 강조할 때는, 드물지만 손과 함께 얼굴도 같이 흔든다. 얼굴 흔드는 모양은 한국 아기들이 '도리도리'하는 모습과 비슷하다. 그런 모습을 보면 절로 웃음이 나온다. 누가 먼저랄 것도 없이 서로 웃기도 한다. 나도 가끔 그래 본다. 그리고 서로 웃고 즐거워한다.

작은 손짓이 사람을 웃게 하다니!
손짓 하나로 누군가를 웃게 할 수 있다. 순간이나마 즐거워하게 할 수 있다. 얼마나 멋지고 값진 일인가! 게다가 언어의 장벽을 허물고 소통(Hiểu nhau, 疏通)까지 할 수 있으니 일거양득(一擧兩得)이 아닌가!

누군가에게 웃음을 줄 수 있다면 여럿 앞에서 망가질 수도 있다. 하물며 손짓 하나로 상대에게 웃음을 줄 수 있다면야 얼마든지 그러려고 한다. 웃는 사람이 많아지면 그럴수록 세상은 더 평화롭고 더 넉넉해지리라.

세계 최고의 만국어(萬國語), 웃음

웃음, 세계 어디서 누구와도 통할 수 있는 표현언어(表現言語)다. 말이 통하지 않는 곳에서는 웃음만큼 좋은 표현수단이 없다. 말이 달라 발생하는 의사소통상의 많은 문제는 웃음으로 해결이 된다. 웃음은 세계에서 가장 아름다운 최고의 만국어(萬國語)다.

웃음이 전하(려)는 뜻은 대체로 이렇다.
"괜찮아요, 좋아요. 그렇게 해요. 기뻐요. 됐어요...등등"
대부분 동의, 긍정을 나타낸다. 더 중요한 것은 웃음에는 거부감이 거의 없다. "웃는 얼굴에 침 못 뱉는다."는 한국 속담도 있다. 누구나 적어도 웃는 이에게는 고의적으로 나쁘게 대하지는 않는다.

영어를 국가공용어 중의 하나로 사용하는 르완다에서는 영어만 하면 의사소통에 문제를 느끼지 못했다. 문제가 있었다면 내가 그들보다 영어가 부족한 거였다.
베트남에 와서는 르완다와는 달랐다. 직장에서는 큰 문제가 안 되지만 직장을 벗어나면 영어로 의사소통이 어렵다. 길에서 사람을 만나도, 마트나 시장에 가도, 상점에 가도, 식당에 가도, 가는 곳마다 생각보다 언어장벽이 높았다.

나는 주로 재래시장에서 장보기를 해왔다. 말이 안 통하니 시장에 가서 물건을 사기가 처음엔 힘들었다. 그러나 베트남어 1, 2, 3, 4... 숫자와 간단한 단어 몇 개를 알고 나니 말은 안 통해도 불편함이 크지 않았다. 손으로 가리키고 원하는 량을 말하거나 물건을 직접 고른 뒤 웃으면 그들은 알아서 계산을 해서 금액을 알려주었다.

금액을 알려주는 방법은 스마트폰 계산기로 금액을 입력하거나 현금을 꺼내어 보여준다. 돈을 주고받으며 서로 웃는다. 서로가 재미있어 또 웃는다. 웃음은 이심전심(以心傳心)하는 힘이 의외로 크다.

시장을 보면서 많이 웃었다. 그래서인지 덤이 안 통하는 베트남에서도 내가 물건을 많이 사면 덤으로 채소 등을 더 주기도 했다. "Xin Cam On(고맙습니다.)" 하면 또 좋다고 웃는다.

웃으면 일이 잘 풀린다. 베트남에 와서 살면서 "웃으면 복이 와요. 소문만복래(笑門萬福來)"라는 옛말이 맞음을 실감하고 있다.

웃어서 손해 볼일은 거의 없다. 일상에서 웃음으로 안 되는 의사소통은 많지 않다. 더 나아가 웃음으로 소통하면 모든 일이 잘 되고 행복하다.

출처: 여행작가 이상윤 '세상에서 가장 아름다운 미소 전'

웃음 중에도 미소(微笑)가 최고다. 소리 내지 않고 방긋이 웃으면 그만이다. 지나치게 크게 소리를 내거나 비웃는 듯 하는 웃음은 역효과가 날 수 있다. 웃다 보니 시장을 보거 나 일을 해도 피곤한 게 아니라 오히려 피곤함이 덜어지는 것 같았다.

서로 말이 안 통할 때 우리는 보디랭귀지(신체언어)를 사용한다. 보디랭귀지 중에서 제일은 웃음이다. 웃음은 동서고금, 남녀노소를 가리지 않고 잘 통한다. 웃음 중에서도 으뜸은 밝은 미소다.

여행을 하든, 물건을 사든, 대화를 하던 의사소통이 안 되면 우선 미소를 지어라. 그리고 스마트폰이 있으면 구글번역기로 음성대화를 하거나 문자를 입력해서 번역을 하면 된다. 일단 웃음으로 시간을 벌고, 번역기를 활용하면 웬만한 일상의 의사소통은 가능하다.

하여, 나는 웃는다. 그저 자꾸 틈만 나면 웃는다. 웃을 일이 없어도 웃는다. 소통하기 위해서 웃다 보니 웃는 게 습관화되었다.

누구는 말할 것이다. 눈물이 웃음보다 좋은 만국어라고. 맞다 고 하자. 그러나 눈물은 시간, 장소, 상황에 따라 많은 제약을 받는다. 사용에 제한이 따르는 언어는 언어로서의 기능이 많이 떨어진다. 그러나 웃음은 그런 제한이 거의 없다. 표현언어인 웃음은 세계 어디서나, 어느 때나 편안하게 사용할 수 있는 좋은 만국어다.

The world's best universal language, laughter

Smile is an expression language that can communicate with anyone anywhere in the world. Where language(words) doesn't work well, there's no better means of expression than laughter. Many problems of communication caused by different languages solve through laughter. Laugh is the best and most beautiful universal language in the world.

Someone will say "Tear is better universal language than laughter." Let's say it's right. However, tear is subject to many restrictions depending on time, place and situations. Languages with limited usage are much less functional as languages whereas laughter has few such restrictions.

For sure, laugh, an expression-language, is a great universal language that can be used comfortably anywhere at any time in the world.

4 낯선 제도; 서명은 파란색, 크리스마스엔 출근(Unfamiliar systems; signatures in blue, go to work on Christmas)

베트남에선 서명은 파란 색으로만 한다
(In Vietnam, the signature is only blue)

베트남에서 공문서, 계약서, 영수증 등에 서명할 때 검정색은 안 된다. 반드시 파란색으로 해야 한다. 원본 확인을 쉽게 하고 복사를 통한 위조를 방지하기 위해서라고 한다. 한국과 판이하게 다르다.

한국에는 서명을 하는 글씨의 색엔 제한이 없다. 있다면 파란색 보다는 검정색을 선호한다. 한국인은 아주 옛날, 그러니까 종이 또는 종이와 유사한 것에 글씨를 써서 기록한 때부터 붓글씨를 즐겨 써온 탓이라고 생각한다. 그런데 벼루와 먹으로 검정색 먹물을 만들었지 청색 먹물은 만든 경험이 없다. 듣거나 본 기억도 없다. 문서나 책의 내용뿐만 아니라 고문서(古文書)에 있는 수결(手決, 오늘날 서명에 해당) 역시 검정색으로 했다.

그러나 베트남에서는 서명은 청색으로만 한다. 이 사실을 안

것은 이곳에서 16개월이상 생활한 뒤의 일이다. 꿀롱 벼 연구소와 공동으로 메콩델타 지역 벼 생산에 대한 시험연구 사업을 추진하려고 2018.11월에 꿀롱 벼 연구소를 방문하여 업무계약서에 서명을 했다.

Article 7: This contract is available until both party agree to sign contract liquidation.

This contract made in 4 originals, two of each party and shall come into effect from the data of signing.

On behalf of party A
NIPA Advisor of KVIP
Dr. KI YULL YU

On behalf of party B
Manager

TS Trần Ngọc Thạch

꿀롱 벼 연구소와 공동 벼 생산 시험연구사업 계약서

그런 뒤 얼마 지나 벼 연구소 담당자가 바뀌어 계약서를 보완했다며 우편물로 보내오면서 다시 서명을 부탁했다. 그래서 그땐 내가 가지고 있던 모나미 검정 볼펜으로 수정된 계약서에 서명을 해서 EMS로 우송했다.

그런데 며칠 지나 서명을 다시 해달라는 연락이 왔다. 이유를 물었더니 내가 서명한 글씨 색이 검정색이어서 푸른색으로 다시 해야 한다고 했다. 이 말을 듣는 순간 한 대 얻어맞은 듯 좀 멍했다. 전혀 의외의 답변이었기 때문이다.

왜 푸른 색으로만 해야 하냐고 물었더니 원본과 복사본의
확인을 쉽게 하고, 옛날부터 관행으로 다 그렇게 해오고 있
다는 것이다. 그래서 벼 파종 현장을 관찰하려고 연구소에
간 김에 계약서에 청색 펜으로 다시 서명을 해준 일이 있다.

스마트 폰 충전 영수증

이런 일이 있은 뒤 베트남에 와서 받은 문서, 거주증, 영수
증, 월세계약서 등을 관심을 가지고 살펴보았다. 놀랍게도
한 결 같이 사인(서명)은 모두 청색이었다. 서명란에 내가
한 서명까지도 파란 색이었다. 궁금하여 알아보니 기관, 은
행 등에 비치하는 고객용 펜이 모두 청색이기 때문임을 나
중에야 알았다.

그 뿐만 아니다. 세미나, 워크숍, 포럼, 기념식 등 행사에서
가끔 기념품으로 받은 볼펜을 유심히 보았다. 역시 모두 청

색이었다. 검정 펜의 치욕이 드러났다.

이게 다가 아니다. 학생들에게 물었더니, 학생들도 공부할 때 대부분 청색 펜을 쓴다고 했다. 일과 후에 껀터대학교 학생에게 베트남어를 배우는 데 그 학생 역시 파란색 펜을 쓰고 있었다. 빨강, 검정 펜은 강조하거나 특별한 표시를 할 때 쓴단다.

시험 볼 때 답안지 작성도 청색 펜을 쓴다고 한다. 검정 등 다른 색 글씨를 쓰면 안 된다고 한다.

학생에게 청색 펜을 많이 쓰는 이유를 물었다. 대답은 "이유는 잘 몰라요. 예전부터 그랬어요."였다. 전통과 관습이 그렇고, 관습을 따를 뿐이라는 뜻이다. 이런 것을 보면 관습만이 아니고 법규로 정해져 있을지도 모르나 아직 확인은 못했다.

어쨌든 다른 문화, 전통, 관습을 이해하고 받아들이는 일은 서로의 협력과 발전을 위해 중요하다, 그러나 다른 문화 등을 안다는 것 자체부터가 어렵다. 베트남에서는 서명을 파란색으로 한다는 것을 아는 데 16개월이 걸렸을 정도니까 말이다. 나아가서 그런 다름을 아는 데 그치지 말고 받아들이는 노력 또한 필요하다. 물론 그렇게 하는 것이 그리 녹녹하지는 않다.

베트남에 와서 파란 색으로만 서명을 하는 것을 보고 전통과 관습의 위력이 대단함을 실감했다. 한 번 세워진 전통과 관습은 무서운 지속력과 파급력을 가지고 있으며 생활에 크고 많은 영향을 미친다. 따라서 전통과 관습은 바르고 선하며 아름다워야 하고, 그럴수록 좋다. 국가나 사회는 물론이고 개인 역시 어려서부터 좋고 멋지며 가치 있는 습관을 길러야 하는 이유이기도 하다.

■영어

In Vietnam, signatures are only in blue

When you sign on official documents, contracts, receipts etc. in Vietnam, black color is not acceptable. It must be blue. For it facilitates the verification of the original and prevents forgery by copying. It is quite different from Korea.

Having seen them signing only in blue color since coming to Vietnam, I realized that the power of tradition and custom was great. Once established, traditions and customs have the tremendous lasting power and the rippling effects, so they influence life great and much. Therefore, traditions and customs should be right, good, and beautiful. The more they are, the better. It is the reason why individuals, as well as nations and communities, should develop good, wonderful and valuable habits from an early age.

베트남 한 주의 첫날은 일요일

(Sunday is the first day of the week in Vietnam)

베트남은 한 주의 첫날을 일요일로 하고 있다. 이것은 베트남 요일 이름에 잘 나타나 있다. 월요일은 한 주의 2번째 날이란 뜻의 트하이(Thứ Hai)이다. 이유를 물으면 손을 반짝 반짝 별 모양을 하며"몰라요"라고 하거나 별 것을 다 묻는 다는 표정뿐이었다. 자료 등을 찾아봤으나 이렇다 할 답을 찾지 못했다.

현재의 주(週)7일 제도는 로마 콘스탄티누스 황제가 서기 325년 "니케아 종교회의"를 거쳐 시행되었으며, 요일 이름은 태양과 달 그리고 5행성과 함께 그들을 상징하는 신들의

76

이름을 따서 지었다고 한다. 이때 일요일을 태양(태양신)의 날, 즉 Sunday로 정하고 일요일을 한 주의 첫째 날로 함과 동시에 휴일로 공포했단다.

껀터시로부터 받은 달력

이것은 기독교의 천지창조설과 일치한다. 창세기1장1절에 첫 날에 빛과 어둠을 창조하고 빛을 낮, 어둠을 밤이라 했기 때문이다. 그러나 여기에 문제는 있다. 현재 기독교에서는 천지창조 7일째를 일요일과 휴일로 하고 있다는 점이다. 이 때문에 제7일안식일 교파는 토요일이 휴일이라고 주장하며 일요 예배가 아닌 토요 예배를 드리고 있다.

이러한 갈등을 해결하고 나라마다 각기 다른 날짜와 시간의 표준을 달리하는데 따른 혼란을 피하기 위해 국제표준화기구 (ISO, International Organization for Standardization) 는 날짜와 시각 표기(Date and Time format)의 국제표준인 ISO8601을 1988년에 제정하여 시행 중에 있다. 이 표준 개정안은 현재 ISO8601-1과 8601-2로 나누어 회원국과 국제기군 간에 협의 중에 있다.

ISO는 한 주의 첫날을 월요일로 규정하였다. 한국, 일본, 영국 등 대부분의 나라는 ISO8601 표준에 따라 한 주의 첫날을 월요일로 하고 있다. 그러나 묘하게도 미국은 일요일을 한 주의 첫째 날, 월요일을 둘째 날로 하고 있다. 미국은 이뿐 아니다. 국제도량형위원회가 정해 세계 대부분의 국가와 국제기구에서 사용하는 미터법(Metric System)도 안 지키고 여전히 인치, 화씨, 갈론(Gallon)등의 단위를 사용하고 있다. 이제 미국은 선진국답게 우월감, 오만함을 버리고 국제조약, 협약, 규정의 이행에 동참하여 세상을 더 좋게 만드는 일에 이바지하기 바란다.

전통과 문화를 존중하고 보존하는 일은 중요하다. 하지만 전통과 문화를 훼손하지 않도록 하면서 국제표준화에 동참하는 일 또한 중요하다. 이런 점에서 베트남도 날짜와 시각표기의 국제표준화 기준을 따르기를 기대한다.

■ 필자 주

1.베트남의 요일은 일요일 만 빼고 요일 앞에 2, 3, 4, 5, 6, 7을 붙인다. 일요일은 chữ nhật(쭈녓, 주일을 뜻한다는 말

도 있다.), 월요일은 Thứ Hai(또는 Thứ2, 2번째요일), 화요일은 Thứ Ba(또는 Thứ3, 3번째요일), 수요일은 Thứ Tư(또는 Thứ4, 4번째요일, 베트남에서 4는 Bốn인데 1의 자리에 4가 오면 Tư라고 해야 한다고 해서 Bốn이라 하지 않고 Tư라 한다고 함), 목요일은 ThứNăm(또는 Thứ5, 5번째요일), Thứ Sáu(또는 Thứ6, 6번째요일), Thứ Bảy(또는 Thứ7, 7번째요일)이다.

2.외국의 침략을 받아 중국, 프랑스, 일본, 미국의 식민지 시대를 보냈으나 그들만의 요일 이름을 가지고 있는 점에서 베트남인의 자존심과 독특한 개성을 엿볼 수 있다.

■영어

The first day of the week in Vietnam is Sunday

Sunday is the first day of the week in Vietnam. Shown is well in the Vietnamese name of weekdays. Monday is the second day of the week, called Thứ Hai. When I asked why it is, they just twinkle their hands with star shape and said "I don't know," or they thought like me asking the very tiny questions. I have searched for the documents, but haven't found any specific answer.

It is important to respect and preserve tradition and culture. However, it is also important to participate in international standardization without damaging tradition and culture. In this regard, Vietnam should also follow international standards for date and time representation.

베트남인은 크리스마스에도 근무를 한다
(The Vietnamese work even on Christmas)

한국에서는 크리스마스가 공휴일이다. 대부분 한국인은 크리스마스 때 가족이나 연인 또는 친구들과 즐거운 휴일을 보내곤 한다. 여유 있는 사람들은 크리스마스 연휴를 이용하여 따뜻한 나라로 여행을 다녀오기도 한다. 그러나 베트남은 크리스마스가 공휴일이 아니어서 대부분 베트남인은 평소와 같이 직장에 출근하여 일을 한다.

한국은 크리스마스는 물론 크리스마스이브도 특별하다. 연인들은 평생 잊지 못할 추억을 만들기도 하고, 그렇지 않은 사람들도 뭔가 일상과 다른 시간을 보내려고 애쓴다. 하지만 베트남은 그런 특별한 이벤트가 없다. 나 역시 자문관들과 함께 길거리 식당에서 국수를 먹고 휴식했을 뿐이다.

크리스마스 이브에 거리식당에 먹은 저녁식사

한국의 크리스마스는 영하의 추운 날씨이기 일쑤다. 운이 좋으면 하얀 눈이 내려 온 세상을 하얗게 만들기도 한다. 거리에는 크리스마스 캐롤이 울려 퍼지고, 그런 거리를 하얀 입김을 매 뿜으며 언 손을 호호 불다가 군고구마와 호떡을 사 먹으며 웃고 떠들면서 즐겁게 걷기도 한다.

백화점과 호텔 등엔 크리스마스트리가 오색조명으로 화려하다. 시골 등에서는 아이들이 꽁꽁 언 논이나 하천에서 썰매를 타는 모습도 볼 수 있다. 어린이들은 산타클로스할아버지 선물에 설레기도 한다.

하지만 베트남은 다르다. 휴일이 아니어서 모두들 일터로 나가서 다른 날과 마찬가지로 일을 한다. 나도 크리스마스에 직장에 나가서 신나게 일했다. 뿐만 아니라 남부지역인 껀터는 기온이 30도를 오르내리고 우기 끝이라 비가 오기도 한다. 한국에서 경험했던 크리스마스와는 판이하게 다르다.

아주 극소수지만 휴가를 얻어 해변으로 가서 해수욕을 즐기고, 그럴 처지가 안 되면 수영장에 가서 수영을 즐긴다. 화이트 크리스마스가 아니라 핫 크리스마스(Hot Christmas, Sweaty Christmas)이고 샌드(Sand) 크리스마스다. 일을 하는 사람은 온 종일 땀에 젖어 지낸다.

베트남 크리스마스가 공휴일이 아닌 이유가 궁금했다. 이유를 물었지만 설득력 있는 대답을 듣지 못했다.

처음엔 베트남 크리스마스가 공휴일이 아닌 이유는 불교나라이기 때문으로 생각했다. 그러나 그렇지 않은 것 같다. 왜냐면 불교나라인 데도 석가탄신 일이 공휴일이 아니기 때문이다. 석가탄신 일도 모두 직장에 출근하여 일을 한다.

그러나 꼭 그런 것만은 아니다. 같은 사회주의 국가인 아프리카 르완다는 크리스마스가 공휴일이다. 더 나아가 크리스마스 다음날인 12.26일도 복싱 데이라 하여 공휴일로 즐기고 있다.

아무튼 크리스마스는 베트남에서 공휴일이 아니다. 그냥 1년 365일의 하루 일 따름이다. 하얀 눈, 산타클로스할아버지, X마스캐롤 등도 없다. 그 흔한 X마스캐롤 "Jingle bells, jingle bells, jingle all the way..."도 들리지 않는다. 그나마 호텔, 백화점, 시내 중심가와 여유 있는 집에서 크리스마스트리를 볼 수 있어 다행이다.

나 역시 크리스마스에 평소와 같이 직장에 출근하여 일하고 퇴근했다. 그리고 일상 하던 대로 반바지를 입고 아파트 주변을 산책하고 메콩강가에 가서 껀터대교와 메콩강 위를 오가는 배들을 보며 강바람에 더위를 식혔다. 그래도 행복한 까닭은 무엇일까?

▨ 필자 주

복싱 데이(Boxing Day)는 주로 유럽에서 봉건시대 영주들이 크리스마스 다음 날인 12.26일에 시민들에게 상자(Box)에 선물을 담아 주고 하루 휴가를 준 데서 유래한 것으로 알려져 있다. 그래서 영국, 호주 등 영연방(英聯邦) 국가는 12.26일을 공휴일로 지정해 오고 있다.

오늘날엔 미국의 블랙 프라이 데이, 사이버 먼 데이 등과 함께 세계적인 세일 이벤트로 이름을 떨치고 있다. 영국과

미국, 캐나다 등의 상점들이 복싱 데이에 연말 재고를 떨어
내기 위해 대대적인 할인판매 행사를 하기 때문이다.

The Vietnamese work also on Christmas

Christmas is a public holiday in Korea. Most
Koreans spend a pleasant holiday with their family,
lovers, or friends on Christmas. Some people travel
to warm countries for Christmas holidays. However,
because Christmas is not a holiday in Vietnam, most
Vietnamese go to work as usual.

I also went to work as usual on Christmas, and came
home back after work. As usual, I wore shorts and
walked around my apartment. Then, I went to the
Mekong River, and cooled down by facing the river
wind, watching the Can Tho Bridge, and ships going
up and down on Mekong River. Even though it is,
why do I feel happy?

5 집엔 도마뱀, 들판엔 개구리, 거리엔 개
(Lizards in the house, frogs in the fields, dogs in the streets)

나는 도마뱀과 같이 산다

베트남엔 유난히 도마뱀이 많다. 집, 사무실, 식당, 호텔 등 사람이 있는 곳에도 어디든 도마뱀이 있다. 색깔도 노랑, 흑갈색 등 다양하고 여러 색이 섞여 있기도 하다. 내가 사는 집에도 도마뱀이 산다. 눈에 띄어 잡으려 하면 벽을 타고 "나 잡아보라는 듯" 위로 올라간다.

베트남에 살면 도마뱀과 같이 사는 거나 마찬가지다. 도마뱀이 집에 살고 있어도 도마뱀이 보이지 않을 뿐 없는 게 아니다. 누구나 알게 모르게 한 방에서 밤을 도마뱀과 같이 보낸다.

내가 한 방에서 도마뱀과 같이 처음 잠을 잔 것은 1978년 2월이었다. "제1회아시아지역식물보호워크숍"에 참석하여 필리핀 마닐라의 앰배서더호텔에 투숙했다. 호텔방에 들어갔는데 벽 위로 도마뱀이 기어 다니는 것을 보고 질겁했다. 프런트에 전화를 걸어 "도마뱀이 있으니 방을 바꿔 달라."고

했다. 그랬더니 프런트 직원이 대수롭지 않게 말했다.

"도마뱀 없는 방 없어요. 해롭지 않아요."

그런 뒤 수십 년이 지났고, 아프리카 르완다에서 3년간 살았지만 도마뱀이 징그럽다는 생각은 쉽게 바뀌지 않았다. 도마뱀에 대한 혐오감도 혐오감이지만 요즘은 도마뱀 자체보다 더 나를 괴롭히는 것은 도마뱀 똥과 도마뱀이 내는 소리다.

도마뱀 똥(쥐 똥과 비슷함)

자고 나면 창가나 바닥 여기저기에 흩어져 있는 쥐 똥처럼 생긴 도마뱀 똥이 기분을 상하게 한다. 보는 즉시 치우지만 치운 다음날 또 널려 있다. 이맛살을 찌푸리게 한다. 또 치운다. 도마뱀 똥 치우는 일이 매일 하는 일 가운데 하나가 되었다.

3주간 집을 비우면서 살충제를 뿌렸다. 돌아와서 주말에 대청소를 했다. 책상을 밀고 그곳을 청소하는 데 도마뱀이 죽어 있었고 그 시체를 둘러싸고 개미들이 야단법석이었다.

내 집 책상 밑에 죽어 있는 도마뱀

내 집에서 사는 도마뱀 소리는 언뜻 "쨱, 쨱, 쨱." 새소리 같다. 낮에는 소리가 나도 괜찮다. 아파트가 큰 길가에 있어 자동차, 오토바이소리 등과 섞여 버리기 때문이다. 하지만 밤이 되면 상황이 다르다. 한 밤이나 새벽에 도마뱀 소리는 여간 신경을 건드리는 게 아니다. 특히 짝짓기 때는 소리가 더 요란하다. 무척 짜증나게 한다. 숙면을 방해하기도 한다.

이런 환경에서 벗어나는 묘안이 없나 해서 베트남인에게 많이 물었다. 대답이 아주 뜻밖이었다.
"도마뱀은 행운의 동물이에요. 특히나 황금색(노란색)은 더욱 그렇고요."
뭐가 그러냐는 듯 말하려다 순간 어이가 없어 웃음이 나왔다. 확실히 베트남인의 도마뱀에 대한 생각은 징그럽다며 혐오하는 나와는 180도 달랐다. 도마뱀에 대한 생각 차이가 천지간만큼 컸다.

요즘은 한국에서도 일부 도마뱀은 반려동물로 집에서 키운다는 글을 보았다. 재테크의 한 수단이란다. 비싼 것은 한 마리에 300만원까지 간다고 하니 꼭 징그러워 할 필요만은 없겠다는 생각이 들었다.

이런 일들이 있은 뒤로 도마뱀에 대한 나의 혐오감이 예전보다 많이 줄어들었다. 물론 아직도 도마뱀이 방에 없으면 따봉이고, 있어도 눈에 안 띄면 좋다.

아무리 찾아봐도 도마뱀을 없앨 수 있는 뾰족한 방법이 없다. 내 집에서 없애도 이웃집에 있으면 살아있는 동물이라 내 집에 또 올 수 있다. 그러니 베트남에서 사는 동안은 그저 이런 상황을 받아들이고 사는 수밖에 없다. 도마뱀 소리가 평소보다 요란하면 발정기가 되었나 보다 짐작하고 도마뱀의 사랑을 축복이라도 해주겠다는 마음가짐이 필요하다.

한국인과 베트남인의 도마뱀에 대한 생각은 "혐오 동물" 대 "행운 동물" 극과 극이다. 그러나 어느 생각이 맞고 어느 생각이 틀리냐는 문제가 아니니 양쪽을 다 인정해야 한다. 베트남에 온 이상 베트남인의 생각을 받아들이기로 마음먹었다. 베트남에서 살려면 적어도 도마뱀에 대해 징그럽다는 생각부터 먼저 바꾸어야 한다. 행운을 가져다 주는 동물이라 여기고 아무렇지 않은 듯이 한 방에서 도마뱀과 같이 지내고 자연스럽게 잠도 같이 자야 한다. 그렇지 못하면 나만 더 괴로울 것이니, 나를 괴롭히는 일은 이제 그만해야 할 것 같다.

도마뱀은 나에게 "모든 것은 맘먹기에 달려 있다.(마음이 모든 것을 지어낸다.)는 일체유심조 (一切唯心造)"를 일깨워주고 있다.

■영어

I live with lizards.

There are so many lizards in Vietnam. There are lizards anywhere in the home, office, restaurant, hotel, etc. They are various in color such as yellow, dark brown, and complex etc.. I live in a house where lizards live. If I want to catch them, they take the wall and climb up to laugh at me saying "grab me"

Living in Vietnam is like living with a lizard. Even if lizards live in a house, they just aren't seen. We spend nights with a lizard in a room whether or not we know it.

I came to Vietnam, and so decided to accept the idea of the Vietnamese. In order to live in Vietnam, you have to change at least the thought of being odious about lizards. Thinking that a lizard is an animal bringing good luck, you should sleep naturally with a lizard in a room. If you do not, you will only feel more painful.

A lizard reminds me, "Everything depends on the mind.(The mind makes everything. 一切唯心造)."

개구리는 열대에선 여름잠(夏眠)을 잔다

겨울잠(冬眠) 하면 개구리가 제일 먼저 떠오른다. 그런데 신기하게도 겨울이 없는 열대지역 개구리는 겨울잠 대신 여름잠(Aestivation 또는 Estivation)을 잔다. 몇 개월간 비한 방울 내리지 않는 건기(乾期)를 버텨내고 살아남기 위해서다. 그러다 비가 오는 우기가 찾아오면 잠에서 깨어나 신나게 울어댄다. 한국의 여름철 매미 울음소리보다 더 요란스럽다.

온대 지역에서 개구리가 겨울잠을 자는 것은 먹이가 충분하지 않은 영하의 추운 겨울을 이겨내기 위한 생존전략이다.

개구리는 육지와 물 양쪽에서 다 살 수 있는 양서류(兩棲類, amphibian)다. 하지만 개구리는 체온조절능력이 낮고 피부가 지나치게 건조한 상태에서는 생활하기가 어렵다. 이 때문에 겨울이 없는 열대지역 개구리는 몇 개월 비가 오지 않는 고온 건조한 건기에 여름잠을 잔다. 개구리 여름잠은 30도를 넘는 고온의 메마른 조건에서 살아남기 위한 그들의 생존수단으로 오랜 기간 터득한 생존지혜다.

퇴근하면 운동 삼아 아파트 주변을 산책한다. 우기(雨期) 중 9~10월에는 해가 지니 개구리가 울어댔다. 울음소리가 어찌

나 요란한지 천지가 시끄러웠다. 개구리의 천지를 진동하는 듯한 울음소리는 오토바이 소리까지 빨아들였다. 어둡고 습하며 풀들이 우거진 상태라 안으로 들어가 개구리를 잘 볼 수는 없지만, 울음소리는 다양했다. 여러 종류의 개구리가 같이 살고 있다는 증거다.

고기로 팔기 위해 개구리 손질하는 모습, 빈롱성 재래시장

껀터를 포함한 메콩델타 지역 재래시장에 가면 개구리를 살 수 있다. 개구리고기 음식은 식당에서도 판다. 원하면 얼마든지 시켜 먹을 수 있다. 나도 개구리다리 튀김 등의 요리를 먹었다. 그때마다 어린 시절에 직접 개구리를 잡아 껍질을 벗긴 뒷다리를 삶거나 구워 먹었던 기억이 떠올랐다. 당시만 해도 이것은 소중한 보양식이었다.

중국연길 백산호텔 식당에서는 개구리를 통째로 삶아 무친

요리를 먹기도 했다. 뒤집어져 있는 모습이 만세 하는 것 같아 만세 탕이라 부르며 웃었던 기억이 새롭다.

개발 붐을 타고 개구리가 요란스럽게 울어대는 아파트 주변 여기저기에 집과 호텔들이 들어서고 있다. 건물들이 지어지는 면적만큼 개구리 삶의 터전이 줄어드는 셈이다. 가끔은 집을 잃어가는 개구리 처지가 안쓰럽고 잘 살아갈 수 있을지 엉뚱한 걱정을 하기도 한다.

생물은 지금도 진화하고 있다. 진화는 생물 종(種)이 지구상에 살아남아 대를 이어 종족을 보존하는데 초점이 맞추어져 있다. 개구리 역시 이런 생물 종 차원의 진화를 통해 어린 올챙이 시절에는 물속에서 아가미로 숨을 쉬다가, 커서 개구리가 되면 허파와 피부로 호흡을 하여 육지에서 살고 있다.

종의 진화뿐만 아니라 개구리는 환경적응능력도 대단하다. 추운 지역에서는 겨울잠을, 덥고 메마른 지역에서는 여름잠을 자며 살아남을 줄 안다. 얼마나 강하고 슬기로운 환경적응력인가! 옷도 안 입고, 냉난방도 하지 않고, 물을 끌어오지 않고도 그들이 있는 야생의 여건에서 살아가고 있는 생존능력이 놀랍지 않은가?

그러기에 인간의 개발로 살 수 있는 공간은 다소 줄어들지

라도 개구리는 어쩜 인류보다 오래도록 지구상에 살아남을지
모른다.

Frogs sleep in summer in the tropics

When it comes to hibernation, the frog comes up first. Strangely, however, frogs in the tropical regions where there is no winter have aestivation instead of hibernation. Frogs take aestivation to survive the dry and hot season not to rain for several months. Then, when the rainy season comes, frogs wake up and cry with excitement. It is louder than the crying of cicadas in the summer of Korea.

In addition to the evolution of species, frogs have great ability to adapt to the environment. They can survive by hibernating in cold areas and by aestivation in hot and dry regions. How strong and intelligent their adaptability to the environment is! They survive in the wild conditions without wearing clothes, without heating & cooling, without drawing

94

water. So, although the space for frogs to live is somewhat reduced by human's development, frogs may survive on earth for longer than human.

베트남 개는 왜 나만 보면 사나워질까?(Why do Vietnamese dogs become fierce when they see only me?)

베트남 남부 메콩델타 지역 시골엔 개가 많다. 내가 사는 껀터시(Can Tho)시의 아파트 주변 민가에도 많다. 퇴근 후에 산책하다 보면 개들이 나만 보면 사나워져서 짖고 달려든다. 그런데 이상하게도 베트남 사람들이 지나가면 짖지 않는다.

안장성(Tinh An Gian, 安江省) 성도(省道, 도청소재지)인 롱쑤앤시(Long Xuyen)에 업무 차 출장 간 일이 있다. 아침에 호텔을 나와 주변 거리를 산책했다. 시내 한 복판인데 개들은 제집 마당처럼 돌아 다녔다. 이른 아침인데도 베트남 사람들이 많이 오갔다. 개들은 아무 일없다는 듯이 행인들을 본체만체 하였다. 그런데 나를 보더니만 짖으며 달려들었다. 무려 4마리가 한꺼번에 달려드니 무서웠다.

안장성 롱쑤앤 거리를 활보하는 개들

나의 개에 대한 무서움은 베트남에 와서 생긴 것이다. 시골
서 태어나고 자라서 개와는 친숙한 편이었다. 개가 가까이
오면 언제나 머리를 쓰다듬어 주기도 하고 장난치며 놀았다.

그러던 내가 베트남에 온지 만4개월이 되는 2017.12.13일
에 하우(메콩)강가에 산책 나갔다가 태어나 처음으로 개에게
물렸다. 꽃과 풍경사진을 찍고 있는데 삽살개 3마리가 다가
와 그 중 한 마리가 내 왼쪽 바깥 발목 복상 씨 아래를 순
식간에 물어뜯었다. 양말 위로 이빨이 들어가 상처가 나고,
그 부위에서 피가 조금 흘렀다. 다행히 집에 와서 소독약을
바르고 해서 아무 문제는 없었다.

그 뒤부터 개에 대한 어린 시절 가졌던 좋은 감정은 사라지
고 개를 보면 무서워졌다. 친근하게 느껴지던 개가 갑자기

무서운 존재로 바뀌었다. 이런 것을 트라우마(Trauma)라 하는지 모른다.

아무튼 왜 개가 나만 보면 짖고 사나워질까? 이유를 알면 베트남 개와도 친하게 지낼 수 있지 않을까? 의문을 품고 나름대로 찾은 답은 다음과 같다.

첫째, 개에게 내가 낯설기 때문이다.
베트남 개들에겐 항상 자기 집 앞을 지나다니는 베트남 사람들은 낯설지 않다. 자기를 해치지 않는다는 것을 믿는다. 그러나 나는 그렇지 않다. 본적도 접한 적도 없는 무척이나 낯선 존재다. 따라서 내가 자기를 해치지 않는다는 믿음이 없기 때문에 나를 경계하는 것이다. 개가 짖고 사나워지고 달려드는 것은 경계 표현이다.

여자 혼자 사는 집에 사는 개는 남자에 대한 경계심이 크다고 한다. 그 개는 남자를 접할 기회가 많지 않기 때문에 남자에 대해 낯설기 때문이다. 그런데 만약 혼자 사는 여자 집의 개가 남자를 낯설어하지 않는다면 어떨까? 그건 그 여자가 수시로 남자(손님)를 집으로 데려와 같이 있었기 때문이라는 추정이 가능하다.

둘째, 그렇다면 개는 어떻게 나와 익숙하지 않음을 알까?

다시 말하면 어떻게 나와 베트남인을 구별할까?

개는 시각보다 후각이 발달되었다고 한다. 개를 마약 탐지나
안내하는 데 이용하는 까닭이다. 나와 베트남인의 체취는 다
르다. 몸에서 나는 냄새가 다르다. 나의 몸 냄새에 익숙하지
않은 점을 이용해 나와 베트남인을 구분한다고 생각한다.

나와 베트남인의 몸 냄새가 어떻게 다른지는 알지 못한다.
물론 냄새를 채집하여 성분분석을 해보면 정확하게 알 수
있을 것이다. 나는 알지 못해도 개는 후각을 통해서 구분이
가능한 모양이다.

아파트 주변 집 앞 개들과 어린이

몸 냄새에서는 땀이 중요한 역할을 한다. 우리 몸에서는 땀
이 많이 나며 땀은 냄새강도(强度)를 좌우한다. 땀 속에는
휘발성 지방산이 많기 때문이다. 개는 쉽게 땀 성분 특히

98

휘발성 지방산의 차이나 종류로 낯선 사람을 쉽게 구분할 수 있지 않을까? 더구나 베트남 남부는 사시사철, 밤낮 가리지 않고 온도가 높아 땀이 많이 나기 때문에 개의 입장에서는 나를 베트남인과 구분하는 게 추운 지역에서보다 한결 쉬울 것이다.

어쨌든 개에 대한 두려움에서 벗어나 예전처럼 개와 친밀해지고 싶다. 베트남 개가 나를 낯설어하는 이유를 어느 정도 알았으니 친숙해지는 노력을 하련다. 그러다 보면 베트남 개와 친해져서 베트남 사람처럼 내가 맘 놓고 개들과 함께 뛰어다닐 날이 올 것이다. 그런 날이 기다려진다.

2부 생명의 땅, 메콩델타
(Part2 Land of Life, Mekong Delta)

베트남 남부에 위치한 메콩델타는 현지에서는 꿀롱델타(九龍三角洲)라 한다. 산이 안 보이는 대평원이지만 기찻길이 없다. 집에 걸어서는 못 가도 배로는 갈수 있는 운하의 땅이기도 하다.

베트남 6개광역 중 하나로 1개직할시, 12개도(성)로 이루어졌다. 인구는 베트남의 18.8%인 17,804.7천명, 면적은 베트남의 12.32% 인 40,816.4㎢에 달하는 생명의 땅이다.

토지가 비옥하고 물이 풍부한 젖과 꿀이 흐르는 농수산물의 보고다. 쌀은 베트남의 55.2%인 23,609천톤, 새우는 베트남의 82.7%인 617.7천톤이 생산되어 생명 샘 역할을 한다.

그러나 벼 수확과 도정을 제외하고는 농수산업 대부분은 노동력에 의존하며, 시설과 기술도 낙후되어 있다. 농업선진국인 한국이 이곳 진출을 적극 검토해보아야 할 이유다.

메콩델타는 동과 남이 바다로 둘러싸여 때묻지 않은 자연과 푸꾸옥과 꼰다오 같은 아름다운 섬이 많다. 안장성의 물속 차나무 숲 (Rừng tràm Trà Su)과 깜산(Núi Cấm)이 있다. 여기에 독특한 전통·풍습·문화·음식까지 보존되어 있어 한번쯤 구경해볼 만한 하다.

1 젖과 꿀이 흐르는 생명 샘

(Life spring flowing with milk and honey)

한국 면적의 41%에 달하는 대평원

메콩델타는 메콩강 하류에 형성된 삼각주(三角洲)로 캄보디아, 태국, 라오스와 미얀마에도 있다. 이중 베트남에 있는 메콩델타 면적은 40,816.4㎢로 한국의 40.7%크기다. 베트남 남부지역에 위치하며 남중국해(베트남동해)에 연해 있고 1개직할시와 12개도(道)로 구성되었다. 인구는 베트남 총인구 94,666천명의 18.8%인 17,804.7천명이며 인구밀도는 436인/㎢다.

베트남은 크게 6개광역으로 나누어지며 메콩델타는 이중 하나다. 6개광역은 홍강델타(Red River Delta), 북부중산간지역(Nothern Midlands and Mountain areas), 중북부 및 중부해안지역(North Central and Central Coastal Areas), 중부고원(Central Highlands), 동남부(South East)와 메콩강델타(Mekong River Delta)다.

o. 기후

메콩델타는 12월~4월은 건기이고 5월~11월은 우기인 열대 지역이다. 기온은 연평균 27.9~28.0℃, 월평균 26.0~30.0℃ 이다. 강우량은 연1,571.3~2,007.8mm, 월0.0~523mm로 건기와 우기 차이가 크다. 일조시간은 연1,963.7~2,593.9 시간, 월116.4~296.1시간이다. 습도는 연평균78.1~80.7%, 월평균74~86%이다.

o. 표고와 2010~2018의 메콩강 수위(Water level)
메콩델타는 캄보디아 국경지역을 제외하고는 산이 없는 평야 지대다. 표고(Elevation)는 0m다.

메콩강의 수위는 가장 깊은 곳(Cao nhất/The deepest)은 235~412cm이고 가장 낮은 곳(Thấp nhất/The most shallow)은 -35~-68cm이다. 2010년이후 메콩강 수위는 대체로 낮아지는 추이를 나타내고 있다. 이것은 중국에 의한 메콩강 상류의 대형 댐 건설과 기후변화에 의한 강우량의 감소 탓으로 보인다.

o. 행정단위
행정단위는 1개직할시, 12개도, 15개시(Thành phố trực thuộc tỉnh, City Under Province), 5개구(Quận, Urban district), 12개중심시(Thị xã, Town), 102개군 (Huyện, Rural district), 120개읍(Thị trấn, Town

district), 212개동(Phường, Wards)과 1,292개면(Xã, Communes)으로 구성되어 있다.

o. 시도별 면적과 인구

메콩델타 면적은 베트남 총면적 331,235.7㎢의 12.32%인 40,816.4㎢다. 이 면적은 한국의 40.7% 크기다. 13개시도 중 면적은 관광지로 유명한 푸꾸옥 섬이 있는 끼엔장 도가 제일 큰 6,348.8㎢이고, 메콩델타의 중심인 껀터직할시가 1,439.0㎢로 가장 작다.

메콩델타 총인구는 17,804.7천명으로 베트남총인구의 18.8%를 차지한다. 인구가 가장 많은 도는 캄보디아와 국경을 이루고 있는 안장도로 2,164.2천명이고, 하우장도가 776.7천명으로 가장 적다. 인구밀도는 시도간 차이가 커서 껀터시는 891명/㎢로 카마우도의 236명/㎢의 3.78배나 된다. 인구는 캄보디아와 인접한 안장도가 제일 많다. 인구밀도는 메콩델타의 중심인 껀터직할시가 ㎢당 891명으로 제일 높다.

안장도와 키엔장도가 캄보디아와 국경을 이루고, 까마우도는 베트남 최남단의 땅끝(첫 땅)이다.

메콩델타는 2010년에 비해 2018년의 인구증가율이 1.03%로 베트남전국의 1.09%보다 낮다. 그러나 인구밀도는 ㎢당

436명으로 베트남전체의 236명보다 상당히 높다.

메콩델타 시도별 면적과 인구

	시도	도의 수도	면적 (km2)	인구(천명)		밀도(인 /km2)
				2010	2018	
1	껀터(Can Tho)	직할시	1,439.0	1,197.9	1,282.3	891
2	롱안(Long An)	딴안(Tan An)	4,494.9	1,442.8	1,503.1	334
3	띠엔장(Tien Giang)	미토(My Tho)	2,510.6	1,678.0	1,762.3	702
4	벤째(Ben Tre)	벤째(Ben Tre)	2,394.8	1,256.6	1,268.2	530
5	짜빈(Tra Vinh)	짜빈(Tra Vinh)	2,358.3	1,008.0	1,049.8	445
6	빈롱(Vinh Long)	빈롱(Vinh Long)	1,525.7	1,026.5	1,051.8	689
7	동탑(Dong Thap)	까오란(Cao Lanh)	3,383.8	1,669.6	1,693.3	500
8	안장(An Giang)	롱수엔(LongXuyen)	3,536.7	2,148.5	2,164.2	612
9	끼엔장(Kien Giang)	락지아(Rach Gia)	6,348.8	1,698.7	1,810.5	285
10	하우장(Hau Giang)	비탄(Vi Thanh)	1,621.7	759.8	776.7	479
11	속짱(Soc Trang)	속짱(Soc Trang)	3,311.9	1,295.6	1,315.9	397
12	박리우(Bac Lieu)	박리우(Bac Lieu)	2,669.0	861.0	897.0	336
13	까마우(Ca Mau)	까마우(Ca Mau)	5,221.2	1,208.5	1,229.6	236
메콩델타 계			40,816.4	17,251.3	17,804.7	436
베트남 총계		하노이(Hà Nội)	331,235.7	86,947.4	94,666.0	286

출처: 1. Statistical Yearbook of Vietnam 2018, General Statistics Office of Vietnam,

2. Agricultural Food and Rural Affairs Statistics Yearbook of Korea 2018, Korea

현재 메콩델타는 기후변화에 따른 강수량 저하와 메콩강 상류인 중국의 무분별한 대형 댐 건설로 인해 메콩강 수위가 낮아져 농수산업은 물론 운하로서의 기능이 위협받고 있다.

메콩델타의 거대한 개발잠재력과 중요성을 인지하고 베트남 정부는 메콩강 운하와 항만개발 등으로 닥쳐오는 도전에 대응함과 동시에 고속도로건설과 산업단지개발 등을 역점사업으로 추진하고 있다. 이런 관점에서 보면 한국이 제안하여 2019.11.27일 한국 부산에서 제1차한-메콩 정상회의를 개최하여 '한-메콩 공동번영을 위한 협력'을 논의한 것은 시의 적절하였다.

■ 필자 주
....
1.http://www.delta-alliance.org/deltas/mekong-delta에 의하면 캄보디아와 베트남에 있는 메콩델타 면적은 약55,000㎢다.
2.https://en.wikipedia.org/wiki/Mekong_Delta(2020) 등을 참고했다.

■영어
_____

The Great Plains covering 41% of Korea's area

The Mekong Delta is the delta formed around downstream of the Mekong River and is located in Cambodia, Thailand, Laos and Myanmar. Of these, the Mekong Delta area in Vietnam is 40,816.4 km², which is about 40.7% of South Korea area. It is located in the southeastern part of Vietnam, and is connected to the South China Sea(Vietnam East Sea), and consists of one direct-control city and 12 provinces. The population of Mekong Delta is 17,804.7 thousand, which is 18.8% of Vietnam's total population of 94,666 thousand, and its population density is 436 number/km².

Currently, the Mekong Delta has been threatened in terms of its functions as the canal and the land for agricultural and fishery. For the water level of the Mekong River has lowered due to both the declining precipitation caused by both climate change and the indiscreet construction of the large dams at the upstream of Mekong River in China.

Recognizing Mekong Delta's huge development potential and importance, Vietnamese government is responding actively to challenges faced like these, while at the same time, pushing ahead with highway construction and industrial complex development as its focal projects. In this regard, it was timely to discuss "Cooperation for Korea-Mekong Joint Prosperity" by Korea proposing and holding "The 1st Korea-Mekong Summit" in Busan, Korea, on Nov. 27.2019.

기찻길이 없는 농수산물의 보고
-2017년 메콩델타 벼 생산량은 한국의 4.47배

메콩델타는 농수산물의 보고(寶庫)다. 2017년기준 벼는 베트남 전체 42,738.9천톤의 55.2%에 해당하는 23,609천톤이 생산되었다. 양식(養殖)새우 역시 베트남 전체 747.3천톤의 82.7%에 해당하는 617.7천톤이 생산되었다.

메콩델타엔 고속도로1개노선, 국제공항2개가 있다. 대량화물은 육로보다 해상·운하운송이 많은 편이다. 통행료는 고속도로뿐만 아니라 국도에서도 내야 한다. 아직 철길이 없고 기차가 운행되지 않는다.

o. 시도별 벼 생산과 새우 양식

메콩델타의 농경지는 2,618.1천ha이다. 여기서는 한 해에 1~4번벼농사를 지을 수 있어 실제 벼 재배면적은 4,185.3천ha로 농경지면적보다 훨씬 많다. 2017년기준 벼(조곡)가 23,609.0천톤 생산되었다. 이는 한국 전체생산량 5,284.3천톤의 4.47배에 해당하는 엄청난 물량이다. 단위(ha)당 수량은 5.64톤으로 한국7.01톤보다 낮으나 베트남 전국평균 5.55톤보다는 약간 높다.

까마우도 민물새우양식장

2017년 메콩델타의 양식새우 생산량은 617,718톤으로 베트남전체생산량 747,333톤의 82.7%를 차지한다. 메콩델타에서도 속짱도, 박리우도와 까마우도가 주산지다. 껀터 재래시장 새우가격은 kg당 200천VND(약10,000원)이다.

메콩델타 시도별 벼, 양식새우 생산(2017기준)

	시도	면적 (천ha)	농경지 (천ha)	벼 재배 (천ha)	벼 생산 (천 톤)	벼 단수 (톤/ha)	새우양식 (톤)
1	껀터(Can Tho)	143.9	112.3	240.1	1,387.2	5.78	23
2	롱안(Long An)	449.6	318.2	526.7	2,643.2	5.02	12,073
3	띠엔쟝(Tien Giang)	251.2	179.5	210.8	1,249.3	5.93	26,598
4	벤째(Ben Tre)	239.5	140.5	54.9	227.2	4.14	57,776
5	짜빈(Tra Vinh)	235.6	147.8	220.2	1,137.4	5.17	44,844
6	빈롱(Vinh Long)	152.4	119.7	169.4	942.5	5.56	15
7	동탑(Dong Thap)	338.3	260.3	538.3	3,206.8	5.96	1,548
8	안쟝(An Giang)	353.6	282.7	641.1	3,879.6	6.05	75
9	끼엔쟝(Kien Giang)	634.8	463.0	735.3	4,058.8	5.52	66,290
10	하우쟝(Hau Giang)	162.2	135.9	206.6	1,261.0	6.10	34
11	속짱(Soc Trang)	331.4	213.2	348.2	2,105.1	6.05	134,417
12	박리우(Bac Lieu)	266.8	101.8	180.6	1,064..9	5.90	116,365
13	까마우(Ca Mau)	522.1	143.2	113.1	446.0	3.94	157,660
	메콩델타 계	4,081.4	2,618.1	4,185.3	23,609.0	5.64	617,718
	베트남 전국 총계	33,123.6	11,508.0	7,705.2	42,738.9	5.55	747,333
	한국	10,036.4	1,620.8	754.3	5,284.3	7.01	-

출처:1.Statistical Yearbook of Vietnam 2018, General Statistics Office of Vietnam

2.Agricultural Food and Rural Affairs Statistics Yearbook of Korea 2018, Korea

o. 교통

메콩델타엔 일부 개통한 호치민-껀터고속도로(CT) 1개노선과 껀터시를 포함한 도와 도를 이어주는 국도와 지방도가 있다. 고속도로와 국도는 대개 4차선도로이고, 지방도는 2~4차선 도로다.

고속도로에는 차만 다니고 오토바이 등은 다니지 못한다. 국도와 지방도로에는 오토바이, 자전거 등이 같이 섞여 다니기 때문에 교통사고 위험이 높다. 고속도로와 국도는 포장이 많이 되었으나 지방도는 아직 포장이 되지 않은 곳도 많다. 차량통행료는 고속도로는 물론 국도에서도 내야 한다. 국도의 통행료는 승용차의 경우 이웃 도간에는 35,000VND(약 1750원)이다.

육로 못지않게 해상·운하교통이 발달된 편이다. 곡류 등 대량화물은 육로보다 해상·운하운송이 더 활발하다. 대부분의 도정공장, 제조업체 등이 메콩강 옆에 있는 이유다.

껀터시와 푸꾸옥섬에는 국제공항까지 있어 항공편 이용이 편리하다. 2곳 모두 한국 인천공항과 직행노선이 운항되고 있다. 까마우도에 국내공항이 있다.

특이한 것은 아직 메콩델타에는 아직 철길이 없고 기차가 다니지 않는다. 한국에서 흔한 터널도 없다.

메콩델타는 충적토로 이루어진 대평원으로 토양이 비옥하며 물이 풍부하고 연중 농사를 지을 수 있는 천혜의 곡창지대다. 그러나 농사는 주로 인력에 의존하고 있으며 도로와 항만시설 등 운송기반이 취약하다. 따라서 메콩델타의 발전을 위해서는 앞으로 농업기계화와 함께 물류분야에 대한 개발투자를 확대할 필요가 있다.

■ 필자 주

1. 푸꾸옥섬은 거리상으로 보면 메콩델타라고 보기 힘들다. 그러나 푸꾸옥섬이 메콩델타의 행정구역인 끼엔장도에 소속되어 있어 국제공항 수에 푸꾸옥국제공항을 포함시켰다.

2. 호치민-껀터고속도로는 약120km이며, 호치민시-쭝롱(Trung Luong)의 40km는 완공되어 차량이 제한속도 120km/h까지 달릴 수 있다. 나머지 구간인 쭝롱-미투안(My Thuan)의 51km, 미투안-껀터시의 23.6km는 2021년까지 완공계획이라 한다. 그러나 2019년 8월까지의 건설 추진상황을 보면 계획달성이 어려워 보인다.

3. 지도상에 도로종류별 표시기호는 고속도로는 CT(đường cao tốc), 국도는 QL(quốc lộ), 지방도 중 도(道)도로는 TL 또는 DT(tỉnh lộ or đường tỉnh), 군(群)도로는 HL 또는 DH (hương lộ or đường huyện), 면(面)도로는 DX(đường xã), 그리고 읍(邑)도로는 DDT(đường đô thị)로 표기되어 있다.

4. https://en.wikipedia.org, https://www.distancecalculator.net, https://tuoitrenews.vn, https://en.nhandan.org.vn, http://ontheworldmap.com/vietnam을 참고했다.

A trove of agricultural fishery products without a railroad
-Mekong Delta rice production 2017; 4.47times that of Korea

Mekong Delta is a trove of agricultural and fishery products. In 2017, paddy rice production in Mekong Delta was 23,609,000tons, equivalent to 55.2% of the total 42,738,900tons in Vietnam. Aquaculture shrimp was also produced 617,700tons, which were 82.7% of Vietnam's total 747,300tons.

Mekong Delta has two international airports and one highway. Bulk cargo has transported more on the marine-canal by ships than on land by vehicles. Toll fee charged not only on highways but also on national roads. There are no railroads yet and no trains are running.

Mekong Delta is a heavenly granary where can be farmed year-round as an endless plain made of alluvial soil. Also, it is rich in soil fertility and

112

plenty in water. However, farming relies mainly on man labor and the transportation infrastructure such as roads and port facilities is weak. Therefore, for Mekong Delta's development, it is necessary to expand development investment in the logistics sector along with agricultural mechanization from now on.

베트남 남부는 땅 반 물 반
(Southern Vietnam is half the land and half the water)

껀터시(Can Tho city)를 중심으로 한 베트남 남부지역은 땅 반 물 반인 것 같다. 흙보다도 물이 더 많이 보일 정도다. 논밭엔 농작물이, 들에는 열대식물이, 그렇지 않은 곳에는 강과 하천이 흐르고 물이 고여 있다.

산은 보이지 않고 지평선이 있을 뿐이다. 껀터시에서 170km떨어진 호치민시(Ho Chi Min City)까지 약3시간 30분(편도기준), 110km떨어진 라기아항구(Rach Gia Port)까지 2시간40분, 50km떨어진 하우짱도청 소재지인 비탄시(Vi Thanh city)까지 1시간10분을 차를 타고 가는 동안 산을 보지 못했다. 갈 때 혹시 한쪽만 보아 못 볼 수 있어 올 때는 다른 방향을 유심히 보았지만 역시 산은 보이지 않았다. 아니 아예 산이 없었다.

물이 가득한 수확한 논

지평선을 따라 들판이 끝없이 펼쳐져 있다. 들판은 열대식물과 작물이 무성하거나, 물이 차 있었다. 그렇지 않은 곳은 강이 흐르고 있었다. 수확이 끝난 논에도 물이 철렁철렁하며 일부 논에서는 농민이 조각배를 타고 다니며 물고기를 잡고 있었다.

도시도 물이 많기는 마찬가지다. 껀터시의 경우 하우강과 그 지류들이 도시전체를 속속히 흘러 천연운하(運河, canal)를 이루고 있다. 호치민시에는 유람선을 타고 야경을 즐길 정도로 큰 항구역할까지 할 수 있는 사이공강이 흐르고, 비탄시에도 새로 조성한 행정타운 앞으로 하우강이 흐른다. 강은 물로 가득하다. 마른 강은 보이지 않는다. 조그만 하천도 마찬가지로 물이 출렁인다.

물이 없는 들판을 보기가 어렵다. 베트남에 이렇게 물이 많은 줄 예전엔 미처 몰랐다. 남아프리카 케이프타운에서 요하네스버그까지 버스에서 잠을 자가며 대 평원을 달렸을 때도, 탄자니아의 세렝게티 평원을 달렸을 때도, 캐나다 위니펙 주변의 광활한 유채 밭을 달렸을 때도 못 보았던 풍경이다.

베트남 생활 얼마 안 되었는데 베트남 하면 떠오르는 게 풍부한 물이다. 강과 하천이 많고 비는 하루가 멀다 하고 오니 물이 많을 수밖에 없다. 그래서 그런지 논밭 안 가리고 물이 차있거나 고랑엔 물이 찰랑거린다. 하지만 식수는 사먹어야 한다.

베트남 남부에 인공 댐이 있다는 말을 아직 못 들어 봤다. 그래도 물 걱정 없이 농사를 지을 수 있다. 물이 풍부하기 때문이다. 가뭄을 이겨내기 위하여 소방살수차까지 동원하여 논에 물을 주는 한국에 비하면 얼마나 큰 축복인가!

푸른 강이 그립다

"두만강 푸른 물에 노 젖는 뱃사공....."
한국 노년층이 즐겨 부르는 노래 "눈물 젖은 두만강"의 첫
구절이다,

강은 푸르러야 제격이다. 그런데 껀터 주변과 메콩델타를 흐
르는 강은 하나 같이 흙탕물이다. 황토색이거나 검붉다.

메콩강과 배, 멀리 껀터대교가 보인다

메콩강의 하류라 그런 가 했더니 그것도 아니다. 베트남 바
로 위의 캄보디아의 메콩강 상류도 똑 같이 황토색이다. 비
행기에서 내려다보는 하노이의 홍강도 마찬가지다. 산이 헐
벗은 옛날 폭우가 내려 갑자기 강물이 불어 홍수가 났을 때
한국 강물과 비슷하다.

강만 그런 게 아니다. 메콩델타와 접해 있는 바다도 황토색이나 흙탕물이다. 배를 타고 1시간정도 바다로 나가야 푸른 바다를 볼 수 있다. 바닷가에 가까이 가면 푸른 바다가 펼쳐져 가슴을 시원하게 해주는 한국의 동해안과는 딴 판이다.

메콩델타 까마우 땅끝(첫땅)탑(Mũi Cà Mau) 앞바다

강은 푸른 줄만 알았던 나는 검붉은 황토색 물의 강이 강으로 잘 받아들여지지 않는다. '어머니 강'이라는 메콩강을 말이다. 1년이 지난 지금도 강이 푸르지 않은 것이 이상하다. 강에 가거나 강을 보면 궁금해진다. 왜 강이 맑고 푸르지 않고 저렇게 황토 물일까?

궁금하여 물어봐도 시원하게 대답해주는 사람을 만나지 못했다. 산이 많은 한국은 산 계곡을 내려온 물이 모여 냇물을 이루고, 이 시냇물이 모여 강을 이루어 굽이굽이 흐른다.

하지만 여기 메콩델타는 산이 거의 없다. 졸졸 흐르는 계곡물은 상상도 할 수 없다. 대신 캄보디아에서부터 흘러내리는 넓고 큰 강이 대평원을 흘러 바다로 간다. 계곡물이나 냇물이 모이는 것이 아니라 반대로 메콩강이 수십 갈래로 갈라져 작은 강을 이루어 논과 밭, 마을과 마을, 도시와 도시 사이를 흐른다.

강물은 평지를 흘러가기 때문에 물살도 세지 않고 물 흐르는 소리도 나지 않는다. 대신 강을 오가는 배의 엔진소리와 뱃고동소리가 들린다. 뱃고동소리는 내 안에 잠재되어 있는 향수를 깨워 불러내기도 한다.

큰 강을 따라서는 도시와 산업단지가 형성되어 있다. 메콩델타의 시도들이 항구와 항만건설계획을 앞 다투어 발표하기도 한다. 계획이 부디 잘 추진되었으면 한다. 강 지류(支流)를 따라서는 수상가옥이 들어서 마을을 이루고 있다.

같은 강이라도 강물 색깔에 따라 느낌이 다르다. 서울의 한강과 메콩강은 주변 환경 탓도 있지만 물 색깔로 느낌이 전혀 다르다. 메콩강이 한국의 강처럼 물이 푸르고 주변에 산과 도시가 조화를 이루고 있다면 지금보다 더 나을 것 같다. 그래서 황토빛 강을 볼 때면 메콩강이 푸르게 될 수 있으면 좋겠다는 망상을 해보기도 한다.

서울 잠실공원에서 본 한강

집이 서울 잠실이라 한강변을 자주 산책하곤 했다. 물은 맑고 푸르다. 강을 따라 잘 가꾸어진 길을 걷다 보면 계속 걷고 싶고 물에 뛰어들어 발이라도 담그고 싶다. 그런데 하우강(껀터를 흐르는 메콩강 이름)가에 가면 걷고 싶다거나 발을 담그고 싶은 생각이 없다. 물론 강변 길도 허술하지만 있는 길도 썩 걷고 싶은 생각이 나지 않는다. 더구나 발을 담그거나 손을 씻고 싶은 생각은 아예 없다.

상식적으로 강물은 맑고 푸르러야 한다. 강이 흐르면서 웬만한 흙이나 부유물은 아래로 가라앉기 때문이다. 메콩강은 중국, 미얀마, 라오스, 태국, 캄보디아를 거쳐 4,350km를 흘러오는데도 황토 물 그대로 이다니 잘 이해가 안 된다. 왜일까? 강과 수질 전문가들이 연구해보면 어떨까?

껀터에 살면서 강이 그리워 하우강에 가면, 강이 더 그리워진다. 맑고 푸른 강이 더 그리워진다. 어떻게 하면 여기 메콩강을 맑고 푸르게 만들 수 있을까? 그런 날이 언제 올까?

I miss the blue river

"A boatman rowing on the blue water of Duman River....."
It is the first verse of the song "Duman River wet with tears" that the old Koreans love to sing.

The river harmonizes with the blue. By the way, the rivers around Can Tho and the Mekong Delta are all muddy. Their colors are yellow-red and dark-red.

If I miss a river and go to the river Hau, I miss a river more. For I specially miss the clear blue river more. How do we make the river Mekong clear and blue? When will that day come?

2 베트남 쌀 산업의 메카
(Mecca for the Vietnamese rice industry)

벼 연구의 산실, 꿀롱 벼 연구소

메콩델타의 관문이자 중심인 껀터시에 꿀롱 벼 연구소가 있다. 1977년에 설립되었고, 베트남농업과학원 소속(회원)이다. 연구소는 베트남에서 가장 오래된 최대(最大)의 벼 연구의 산실(産室)이다.

꿀롱 벼 연구소 전경

-위치: 꿀롱 벼 연구소(Cuu Long Delta Rice Research Institute, CLRRI)는 메콩델타에 있는 껀터시 토이라이구

121

딴탄면(Can Tho city, Thoi Lai district, Tan Thanh commune)에 있다.

-연혁: 1977년에 국립 벼 연구소(The premier national rice research institute)로 설립되었고, 1985년에 현재의 이름으로 바뀌었다. 2010년에 베트남농업과학원(Vietnam academy of agricultural sciences, VAAS)의 회원(소속)이 되었다.

-조직: 이사회(Board of Directors)아래 과학위원회, 10개 연구과, 3개지원과, 1개농업기술지도센터로 구성되었다.
10개연구과(課)는 유전육종, 생명공학, 식물보호, 재배기술, 토양 및 미생물, 작부체계, 농기계, 종자검정, 핵심시설, 종자생산보급과이며, 3개지원과는 연구관리 및 국제협력, 행정 및 인사, 경리 및 회계과다.

정규직원은 177명이다. 학력을 보면 박사28, 석사75, 학사55와 기사(Technicians)19명이다.

-미션: 국가식량안보에 기여. 농민잠재력 증진, 수출용 쌀 품질 개선

-주요 기능과 임무
.벼와 주요 농작물(콩, 옥수수, 참깨 등)의 기초 및 응용 연

구사업의 개발과 이행

.메콩델타와 기타지역의 사회경제개발과 관련된 공동연구와 지도사업 수행

.베트남 농업농촌개발부가 부여하는 농업연구의 국제협력사업 이행

.베트남 농업과학원이 부여하는 농업분야의 연구자, 기술자 및 학생의 교육훈련

벼 이앙기와 이앙한 포장

-시설과 규모: 총면적은 360ha이다. 시설은 시험포장50ha, 종자생산포장220ha, 그물망온실(Net-house)5,000㎡, 저장시설8,000㎡다. 기상관측소가2개, 농기계 정비 및 보관창고, 연구실과 사무실이 있는 건물이 있다.

연구소 산하의 농업기술지도센터(ATTC, The agricultural

technologies transfer center)는 건평이 2,000㎡다.

-주요 성과

.OM5451 등 180개이상의 벼 신품종을 육종개발하고 이중 82품종이 국가품종으로 인정

.병해충종합방제(Integrated pest management, IPM), 작부체계개선 등 26개이상의 벼를 포함한 주요농작물 재배기술개발 및 농가보급

.벼 건조기, 줄뿌림 파종기(條播機)등 농기계개발 및 농가보급

.유전자은행-3,000종이상 유전자 확보

.조직배양, 유전자지도작성 등 유전자와 생명공학 연구

꿀롱 벼 연구소가 육종개발한 벼의 품종이름은 OM+일련번호로 되어 있다. 그러나 시장에서 거래되는 쌀엔 OM만 표기하고 일련번호는 생략하는 게 보통이다. 벼의 육종방향은 미질향상, 향미(香米), 내한성(耐旱性), 내염성(耐鹽性), 내산성(耐酸性) 신품종개발이다.

나는 2018.09월~2019.05월까지 연구소와 공동으로"메콩델타에서 파종방법이 벼 수량에 미치는 영향(Effect of Seeding Method on Rice Yield in Mekong Delta.)"에 대한 시험연구사업을 완료하고 연구결과를 Southeast-

Asian J. of Sciences, Vol7, No2(2019)에 발표하였다.

꿀롱 벼 연구소는 벼 신품종 육종, 벼 재배기술과 농기계 개발 및 농가보급, 쌀 품질향상 등을 연구하는 베트남 쌀 연구의 산실이다. 따라서 베트남의 벼 연구현황 등을 알고 싶으면 이곳을 가보는 게 필요하다. 국제미작연구소(IRRI, International Rice Research Institute) 같은 국제기구 등과 국제협력도 이루어지고 있으니 한국의 관련 연구기관도 이곳과 협력하는 방안을 모색했으면 한다.

▣ 필자 주

1.꿀롱 벼 연구소가 만든 "CLRRI Introduction, 2018. 08"을 참고했다.

▰영어

The cradle of rice research, Cuu Long Rice Research Institute

The Cuu Long Delta Rice Research Institute is located in Can Tho City, the gateway and center of Mekong Delta. CLRRI founded in 1977. It is a member of the Vietnam Academy of Agricultural

Sciences. The institute is the cradle for Vietnam's oldest and highest rice research.

The Cuu Long Delta Rice Research Institute is Vietnam's mecca, which studies new varieties of rice, development and farm supply of rice cultivation technology and agricultural machinery, and improvement of rice quality.

Therefore, if you want to know the current situation of rice research in Vietnam, you need to visit the institute. International cooperation has been also taking place with international organizations such as the International Rice Research Institute (IRRI), so I hope that Korea's related research institutes will also seek ways to cooperate with the organization.

메콩델타의 벼 파종법 개선을 기대한다

논문 "Effect of Seeding Methods on Rice Yield in Mekong Delta"가 2020.05.27일 발간된 동남아시아 사이언스지 7권2호. 2019 (Southeast Asian Journal of Sciences, Vol.7No.2. 2019)에 발표되었다. 논문은 내가 베트남에서 활동할 때 껀터시에 있는 꿀롱 벼 연구소 (CLRRI) 및 호치민시 반랑대학교(Van Lang University) 응용과학기술연구소와 공동 연구한 결과이다.

"메콩델타에서 파종방법이 벼 수량에 미치는 영향" 시험연구 포장

메콩델타에서 벼는 직파재배가 95%를 넘고 이앙재배는 시험연구나 시범재배 정도에 지나지 않는다. 직파재배의 파종방법은 흩뿌림이 대부분이다. 흩뿌림 대신 줄뿌림과 점뿌림이 대세인 한국과는 아주 다르다.

이런 벼 재배 방법을 개선하기 위하여 파종방법이 수량 등에 미치는 영향을 연구하였는데 줄뿌림(條播)이 현행 흩뿌림(散播)보다 수량이 약간 많고, 파종량은 12.5%를 줄이는 효과가 있었다.

따라서 베트남정부가 벼 파종법을 현행 흩뿌림에서 줄뿌림으로 전환하고, 이를 위해 필요한 줄뿌림 파종기 개발을 기대한다

▨ 필자 주

1.자세한 내용은 논문 Southeast-Asian J. of Sciences, Vol7, No2 (2019)를 참조하기 바란다.

■영어

Expect to improve the rice seeding method in Mekong Delta

My paper "Effect of Seeding Methods on Rice Yield in Mekong Delta" was published in "the Southeast Asian Journal of Sciences Vol.7 No. 2, 2019" published on 27 May 2020. This thesis is the result of a joint study with the Cuu Long Rice Research Institute (CLRRI) in Can Tho city and the Van Lang University Institute of Applied Science and Technology in Ho Chi Minh City when I work as an advisor of NIPA at Korea-Vietnam Incubator Park, Vietnam.

In Mekong Delta, rice direct seeding exceeds 95 percent, whereas transplanting cultivation of rice seedling is only a stage of a test study or demonstration. Most of the direct seeding method is scattering. It is very different from Korea, where drilling(Line spraying) & dibbling(Dot spraying) are popular instead of scattering.

In order to improve the rice cultivation like this, the effect of sowing method on the yield and others was studied. The yield of drilling(Rowing) was slightly higher than that of the current scattering, and the seeding amount was reduced by 12.5%.
Therefore, it is hoped that the Vietnamese government will change the rice sowing method from the current scattering to row sowing, and to develop the line sowing machine necessary for this.

강 따라 발전하는 메콩델타의 도정(搗精) 산업

메콩델타의 도정(搗精)산업은 강과 운하를 중심으로 발전되었으며 육로운송이 획기적으로 개선되기 전에는 앞으로도 그럴 전망이다. 도정공장은 대부분 강이나 운하에 붙어있고, 벼와 쌀 운송은 거의 다 배(Boat)로 하고 있다. 미곡종합처리장이 육로(陸路)에 가까이 있고 주로 육로운송에 의존하는 한국과는 전혀 다르다. 일부 공장규모는 한국 미곡종합처리장보다 크기도 하지만 시설과 기술은 떨어지는 편이다.

메콩델타는 베트남 최대의 쌀 주산지다. 2017년기준 벼 재배면적은 한국의 5.5배에 해당하는 4.28백만ha이었고, 쌀(조곡기준)은 베트남 전체생산량의 55.2%에 달하는 23.83백만톤이 이곳에서 생산되었다.

이렇게 많이 생산되는 벼(쌀) 가공공장이 메콩델타 껀터시에는 107개가 있다. 이중 규모가 크고 시설이 좋은 Hoang Minh Nhat(HMN)과 Thuc Truong Xuan(TTX) 도정공장을 2019.02.21일에 한-베 인큐베이터 파크 직원들과 함께 방문했다. TTX 공장은 사장이 출타 중이어서 공장시설과 가동상황만 둘러보았다.

HMN도정공장에서는 Mr. Nguyen Van Nhut 사장을 만나

회사현황도 듣고 협의도 했다. 회사현황 청취와 공장을 둘러본 내용은 다음과 같다.

회사는 2006년에 설립되었다. 계약생산 또는 일정지역에서 생산된 벼를 수매하여 도정을 한다. 1시간당 도정 량은 16톤이다. 도정과정에서 생산된 부산물 중 쌀겨는 사료, 왕겨는 연료나 거름으로 사용한다. 도정하여 생산된 쌀은 베트남 시장에 출하하며 일부는 외국으로 수출한다.

수매한 벼와 도정한 쌀은 90%이상이 배를 이용하여 운하운송이 되며 육로운송은 많지 않다. 운송형태는 쌀은 전량 포장상태, 벼는 벌크(散物)와 포장상태 2가지다.

정부지원여부를 물었더니 정부지원은 거의 없다고 했다. 회사 운영상 문제점은 무엇이냐고 했더니 아직 큰 문제는 없다고 했다.

협의를 마친 뒤 공장 안을 둘러보았다. 규모는 한국의 미곡종합처리장(Rice Processing Complex, RPC)보다 컸으나 시설과 장비는 낙후(落後)된 편이었다. 장비 중 색채선별기는 중국산이며 나머지는 베트남 산이라고 했다. 그러나 베트남에서 생산한 것이기 보다는 부품을 수입하여 조립한 것 같다는 느낌이었다. 이유는 농업박람회 등에 참석했을 때 유럽과 일본, 중국산 도정장비와 시설이 전시되고 베트남에 판매된다는 말을 들었기 때문이다.

도정과정은 대체로 우리나라와 비슷했다. 건조-(정선)-벼 투입-돌이나 금속 고르기(石拔, Stone separation)-제현(製玄, Hulling)-현미선별-정미(백미, Polishing)-쇄미(碎米)선별-색채선별(색채기로 착색립, 풀씨, 피해립 등 골라내기)-계량-포장(包裝) 순으로 이루어지고 있었다.

HMN 도정공장 내부

한국과 크게 다른 점은 쌀 제품 중 싸라기(쇄미, Broken Rice) 함유율이 5~25%까지 다양했으며, 100%싸라기도 포장하여 출하했다. 식당에서 싸라기 밥이 나오는 이유다.
도정공장 가동은 주로 전력을 이용하나 일부과정은 왕겨 등을 고압착하여 만든 숯을 사용하기도 했다.

2공장 모두 특이한 것은 공장이 강(운하)에 붙어 있고, 하역과 선적시설이 공장과 선박(船舶)까지 연결되어 있었다. 따라서 수매한 벼 산물은 흡입관(吸入管)을 통해 배에서 직접 컨베이어벨트(Conveyor belt) 위로 옮기면 자동으로 공장 안의 저장고로 들어갔다. 반대로 도정한 쌀 제품은 공장 안의 컨베이어벨트에 올려놓으면 자동으로 선박 안으로 가고, 거기서 인부가 그 안에 쌓기만 하면 되었다.

TTX의 산물 벼를 싣고 온 배와 컨베이어벨트에 연결된 흡입관.

메콩델타의 벼 도정산업은 운하물류를 기반으로 형성되고 발전되었다. 이것은 메콩델타에 거미줄처럼 퍼져 있는 메콩강과 그물망처럼 형성된 지류(支流)가 낳은 지리적 산물이었다. 집에 걸어서는 못 가도 배로는 갈 수 있는 운하의 땅, 메콩델타의 도정 산업이 언제까지 이럴지 지켜 볼 일이다.

■ 필자 주

1. 벼 재배면적, 쌀 생산량 통계는 "Statistical summary book of Vietnam 2017"을 참고했다.

2. 메콩델타 전체의 벼(쌀) 가공공장 자료는 얻지 못했다. 껀터시의 쌀 가공공장은 KVIP에서 얻은 DANH SÁCH DOANH NGHIỆP CHẾ BIẾN GẠO(List of rice processing companies)을 참고했다.

3. 메콩델타 도정공장 현장을 보고나니 기존의 한-베 인큐베이터 파크에 설치된 소규모 한국형 미곡종합처리시설은 메콩 델타의 도정현실에 적절하지 않다고 판단되었다. 이보다는 오히려 메콩델타 벼 생산량과 도정현실에 맞추려면 규모의 대형화가 필요하고, 연구나 기술교육용을 설치하려면 농촌진흥청 국립식량과학원에 설치된 도정시설과 규모가 더 적합하다.

■영어

Mekong Delta's rice milling industry has developed along the river

The Mekong Delta's rice milling industry has developed along the rivers and the canals. And the situation like this will continue until land transport

134

improves dramatically. There are most of rice milling factories by the rivers and the canals. Almost paddy rice and milled rice transport by boats. It is completely different from Korea, where the rice milling complex(RPC) is located close to land roads and depends on land transportation. Some plants are larger than Korea's RPCs, but their facilities and technology are not as good as the Korea's.

The Mekong Delta's rice milling industry has formed and developed with the canal logistics. This was the geographical product of the Mekong River and its tributaries, which spread like spider webs in the Mekong Delta. How long will the rice milling industry last like this in the Mekong Delta, the land of canals where can be reached by boats even if you can't go home on foot?

연중 여름인데 봄, 가을, 겨울 벼는 있고 여름 벼만 없다

베트남은 봄, 여름, 가을, 겨울의 4계절이 없다. 날씨로 봐
서는 분명 연중 여름인데 봄 벼, 가을 벼, 겨울 벼가 있다.
헌데 신기하게도 여름 벼는 없다.

하우장도 하이테크 농업단지 벼,(2017. 9월)

메콩델타를 기준으로 재배기간은 봄 벼는 조생종 10월~다음
해2월중순, 만생종 1월중순~5월중순, 가을 벼는 조생종 2월
~6월, 만생종 7월~12월중순, 겨울 벼는 6월~12월로 되어
있다. (USDA-FAS, 2012)

잘 이해가 안 간다. 한국은 보리의 경우 파종을 기준으로
가을에 파종하면 가을보리, 봄에 파종하면 봄보리라고 한다.
그런데 여기서는 봄, 가을, 겨울 벼의 분류기준이 파종인지

수확인지 아니면 다른 무슨 이유가 있는지 확실하지 않다. 다만 경험과 얻은 정보에 의하면 수확시기를 기준으로 라 봄, 가을, 겨울 벼로 분류되는 것 같다.

2016년(전망) 베트남 벼 총생산면적은 7,790.4천ha, 총생 산량은 43,609.5천톤이다. 이중 봄 벼(Spring paddy)는 3,082.2천ha, 19,404.4천톤, 가을 벼(Autumn paddy)는 2,806.9천ha, 15,010.1천톤, 겨울 벼(Winter paddy)는 1,901.3천ha, 9,195.0천톤이다. 생산량을 기준하면 봄 벼 44.5%, 가을 벼 34.4%, 겨울 벼 21.1%다. (2016 베트남 통계연보)

안장도 벼 단지(2018. 3월)

연중 여름인 베트남에서 여름 벼는 없고 왜 봄, 가을, 겨울 벼가 있는지? 이런 분류기준은 무엇인지? 재배기간이 비슷한

데 어떤 것은 겨울 벼, 어떤 것은 가을 벼라고 하는지? 궁금한 게 한둘이 아니었다.

물었다. 궁금해서 물었다. 궁금하면 묻는데 인색하지 않았다. 여름 벼가 없는 이유 등을 기회 있는 데로 물어보았지만 아직은 속 시원한 답을 얻지 못했다. 다만 꿀롱 델타 벼 연구소(Cull long Delta Rice Research Institute)의 Dr. Phat은 메콩델타 지역은 8~10월은 홍수로 인한 강물의 범람(氾濫)으로 벼 재배가 어려워서 여름 벼가 없는 것이 아닌가라고 했다. 혹시 다른 이유를 아는 분이 있으면 답을 주면 고맙겠다.

궁금한 점이 많다. 궁금한 점이 없다면 사는 재미가 있을까? 모르는 게 있고 궁금한 게 있으니, 그래서 살맛이 난다. 모르는 것을 알아가는 재미는 나에겐 단순한 재미를 넘어 가끔은 희열(喜悅)에 가깝다.

이런 단순한 궁금증 말고 좀 더 깊이 알고 싶은 것들이 있다. 생명, 우주 등 미지의 세계다. 알면 인류에게 희망과 행복을 가져다 줄 수 있는 새로운 것들이다. 그래서 지금도 연구실에서, 극지(極地, The polar region)에서 밤잠을 설쳐가며 미지의 세계를 들여다보며 연구하는 사람이 많다.

노벨상(물리, 화학, 생리-의학) 수상자들의 대부분이 그렇게 수십 년에 걸쳐 연구를 해서 새로운 사실을 발견한 사람들이다. 이들처럼은 못할망정 베트남에 대한 가벼운 궁금증이라도 하나씩 풀어볼 생각이다. 작은 것이라도 외면하지 않으련다. 누군가가 궁금하여 알고 싶은 것들일 수 있기 때문이다.

■영어

Vietnam is summer all year round. But there are spring, fall, and winter rice while no summer rice.

There are no four seasons of spring, summer, autumn and winter in Vietnam. In terms of weather, it is definitely summer all year round. However, there are spring, autumn and winter paddy, no summer paddy miraculously.

Most of the Nobel Prize winners (physics, chemistry, physiology-medicine) had studied and researched a certain something for so many decades and discovered new facts. Although unlike them, I will try to solve questions about Vietnam one by one. I will not turn away even small question. It is

something because somebody may be curious to
know about.

쌀 소매시장의 이모저모

껀터에 있는 재래시장과 마트 등에는 어김없이 쌀가게가 있다. 쌀이 주식이기 때문이다. 쌀가게에서 판매하는 쌀의 종류는 20종이 넘는다. 쌀 품질도 괜찮은 편이다. 재래시장의 쌀 가격은 kg당 10,000~20,000동이고, 찹쌀과 멥쌀 가격이 큰 차이가 나지 않는다. 향미(香米)가 많고 싸라기 쌀이 거래되는 것이 특이하다.

재래시장의 쌀가게는 주로 포장하지 않은 채 쌀을 큰 통에 담아 놓고 판다. 그래서 1kg, 2kg 등 소량의 쌀도 살 수 있다. 쌀만 거래하는 전문 가게는 포장된 쌀과 포장되지 않은 쌀을 다 팔며, 마트는 포장형태의 쌀만 판다.
포장재는 주로 비닐과 마대다. 포장규격은 3, 5, 10kg가 주를 이루나 그 밖의 포장규격도 있다. 포장방법은 일반포장과 진공포장 등이 있다.

내가 살던 아파트부근의 푸트재래시장(Chợ Phú Thứ)의 쌀 가게

소매시장에서 거래되는 쌀의 종류는 수십 종이 넘는다. 재래
시장의 쌀가게는 큰 통이나 마대에 담아 놓고 팔며, 그 쌀
위에 가격과 종류를 적어놓은 라벨을 꽂아 놓는다. 이름 중
에 thơm은 향을 뜻하는 데 이런 쌀이 많이 있는 것으로
보아 향미가 많음을 알 수 있다. 롯데마트, Big-C마트에는
한국 쌀, 일본 쌀 같은 고품질 쌀도 있다. 쌀 포장에 한글,
일본어, 베트남어로 표기되어 있고 쌀 품종이름까지 적혀 있
어 한국 쌀이나 일본 쌀을 고르는 데는 아무 지장이 없다.

베트남 쌀 품질은 대체로 괜찮은 편이다. 돌이나 이물질이
없다. 그래도 재래시장에서 거래되는 베트남 쌀로 지은 밥이
입맛에 맞지 않으면 멥쌀과 찹쌀을 섞어 먹기를 권한다. 나
는 재래시장에서 산 멥쌀과 찹쌀을 1:1로 혼합하여 먹었다.
그랬더니 마트에서 파는 고급 쌀이 아니래도 밥맛이 좋았다.

찹쌀은 이름(종류)에 nếp(Sticky)이란 글자가 들어있다.

롯데마트 쌀 판매 코너

2019.5월기준 쌀 전용가게에서 멥쌀(포장)이 20,000동/kg, 찹쌀(산물)이 17,000동/kg이었다. 멥쌀은 포장이 되고 찹쌀은 포장이 안 되어 가격은 찹쌀이 멥쌀 가격보다 싸지만, 같은 조건이면 멥쌀과 찹쌀 가격은 거의 비슷하다. 마트의 쌀 가격은 재래시장보다 배(倍)이상 비싸다.

한국과 달리 싸라기 쌀이 시장에서 거래된다. 싸라기 쌀은 싸라기의 함량이 5%, 10% 등으로 종류가 다양하며, 싸라기로만 된 쌀도 있다. 일부 식당에서는 싸라기밥을 팔기도 한다. 이 경우 싸라기밥임을 메뉴에 명기해 놓는다.

식당의 싸라기 밥

싸라기 쌀은 도정공장에서부터 생산된다. 어느 한 종류 쌀만 그런 것이 아니고 대다수 종류의 쌀이 다 그렇다. 혹시 쌀 이름에 "OM"이 표시된 것은 껀터에 있는 꿀롱 벼 연구소에서 육종한 벼를 뜻한다. 쌀 소매상은 싸라기 쌀이 필요하면 도정공장 등에서 납품 받아 팔기만 하면 된다.

껀터에서는 소매시장 어디에 가도 쉽게 쌀을 살 수 있다. 여기서 거래되는 장립종 쌀은 한국인이 알던 "안남미'와 달리 맛이 나쁘지 않았다. 밥맛이 안 맞으면 찹쌀과 멥쌀 가격이 비슷하니 섞어 먹으면 된다. 그래도 안 되면 마트에는 한국과 일본 쌀도 있으니 그것을 사서 먹으면 된다. 밥맛은 쌀 종류에 따라 차이가 있지만, 내 경험에 의하면 밥을 하는 방법과 기술에 따라서도 많이 달랐다.

베트남에서 거래되는 쌀은 주로 길이가 긴 장립종(長粒種)으로 인디카(Indica) 계통이며 한국인이 주로 먹는 쌀은 길이가 짧은 단립종(短粒種)으로 자포니카(Japonica) 계통이다.

■영어

The various aspects of the rice retail market

There are rice shops without exception in the traditional market and mart in Can Tho. It is because rice is a staple food. More than 20kinds of rice are sold at the rice stores. The rice quality is not bad. The price of rice in traditional markets ranges 10,000 to 20,000 dong/kg, and there is no big difference between both price of glutinous rice and that of non-glutinous rice. It is unusual that there are many kinds of the scented rice, and that broken rice is also traded.

You can easily buy rice anywhere in the retail market. The long grain rice traded there tastes no bad, unlike "Annam-Mi" which Korean has known. If you feel the rice taste bad, you have to mix the sticky rice and the non-sticky together. The price of both is similar.

If that is not enough, there are Korean and Japanese rice in the mart, so you can buy and enjoy it. The taste of the cooked rice varies depending on the type of rice, but according to my experience, it was also very different depending on the way and skill of cooking rice.

3 과수원엔 배가 다니고 고구마 밭은 끝이 안 보이네(Working by a boat in the orchard, the sweet potato field is endless)

배가 다니는 망고 과수원

껀터시의 망고 과수원에는 물길이 여러 개 있다. 물길을 따라 배를 타고 다니며 작업을 한다는 설명을 들었는데 선뜻 이해가 안 되었다. 과수원 안의 뱃길은 상식과 상상을 뛰어넘는 현실이었다.

껀터시 꼬도군 토이흥면 망고농가의 과수원 안의 물길

껀터시의 망고재배면적은 2,500ha이며 연간생산량은 10천톤이다. 망고 주산지는 꼬도군(Co Do Hyuen)과 퐁딘군

146

(Phong Dien Hyuen)이다.

2019.07.25일 나는 껀터시 농업농촌개발국 직원과 함께 꼬도군 토이흥면(Thoi Hung Xa)에 있는 망고 과수원을 방문했다. 차를 타고 가는 데 길 양 옆으로 망고 과수원이 끝없이 펼쳐져 있었다.

길 옆 공터에 차를 주차하고 걸어서 다리를 건넜다. 기다리고 있던 직원의 오토바이 뒤에 탔다. 길이 좁고, 작은 운하(강)를 가로지르는 다리들이 좁고 약해서 차가 갈 수 없기 때문이었다. 약15분정도 달렸다. 주변에 보이는 것은 거의 망고 과수원이었다.

도착한 곳은 일반 과수원 농가였다. 망고와 바나나 과수원 안에 집이 있었다. 선정(選定)을 그리 했는지는 모르지만 딸이 한국인 남자와 결혼해서 살고 있는 집이었다. 물론 한국인 남편(윤*갑)도 만났다. 과수원 등에 대해 설명들은 내용은 아래와 같다.

'과수원 면적은 2.5ha이며 재배 중인 망고 수령은 15~25년생이다. 병충해 방제는 대체로 2개월에 한 번 한다. 일부는 봉지를 씌운다. 봉지는 대만의 부사(富士) 제품이다. 수확은 일일이 손으로 한다. 키 큰 나무에 달린 열매는 긴 막대 끝에 칼과 망이 달린 막대로 수확을 한다. 수확한 망고는 집하장으로 출하하는 데 직접 생산농민이 가져가기도 하고 출하장에 이야기 하면 와서 가져가기도 한다. 출하장에 망고 선과기(選果機) 같은 시설은 없다.'

껀터시 꼬도 군 망고 주산단지 안의 물길

망고 과수원 농가로 가는 길 양 옆으로 펼쳐진 과수원 단지 가운데에는 강 같은 작은 운하(물길)가 많이 있었다. 농가에 도착해서 과수원을 둘러보니 그곳에도 마찬가지로 수로가 있었다. 망고 과수원을 견학하는 처음부터 끝까지 가장 궁금한 것은 과수원 안에 있는 배가 다닐 수 있는 너비2~10m의 물길(水路)이었다.

왜 과수원 안에 물길이 있냐고 물었다. 대답은 다음과 같이 간단했다.
'물길을 따라 (쪽)배를 타고 다니며 농약도 살포하고, 건기
148

에는 물주기(灌水)도 하고, 수확한 망고를 운반하기 위해서
다. 그래서 여기서는 물길과 (쪽)배 없이는 과수원 운영이
무척 어렵다.'

물론 메콩델타의 망고 과수원이 다 그런 것은 아니다. 안장
도(An Giang Province)의 쪼모이군(Cho Moi Hyuen)의
빈푹수안면(Binh Phuoc Xuan Xa)의 망고 과수원은 다르
다. 과수원 안에 물길이 없다. 왜 물길이 없을까? 2개지역
망고 과수원 현장을 직접 방문하여 본 바로는 껀터시와 안
장도의 지형과 토성(양)이 다른 점이 과수원 물길 존재유무
의 근본적인 이유 중의 하나라고 본다.

껀터시에는 산이 없다. 지표면이 수면과 큰 차이가 없어 땅
이 습하며 토양이 점질 토여서 배수가 어려워 밭으로 적합
하지 않다. 지표면이 습하고 밭 상태에서는 제초, 농약살포,
수확물과 물품운반 등 과수원 육상작업(陸上作業)이 어렵다.
그러나 안장도는 높은 산이 꽤 많은 편이다. 지표면이 수면
보다 높아 덜 습하며 토양도 점질사양 토여서 배수 등이 쉬
워 한국 과수원처럼 밭 상태로 관리할 수 있다.

껀터 지역 망고 과수원 안에 배가 다닐 수 있는 물길이 있
다는 사실은 현장에서 직접 보고 있어도, 보면서 설명을 들
어도 쉽게 이해되지 않았다. 그러나 껀터시와 안장도 양쪽의

망고 과수원을 보고 나니 좀 더 쉽게 이해가 되었다.

껀터시의 망고 과수원 안의 물길은 이곳 사람들이 오랜 기간 동안 열악한 환경에 적응해오면서 얻은 지혜의 산물이다. 껀터시 과수원 안의 물길은 상식과 상상을 초월해도 현실적으로 가능하기 때문에 그 보다 더 나은 방법이 개발되지 않는다면 앞으로도 지속될 것이다.

하지만 농업기계화를 하고 농업생산성을 높이려면 과수원 안의 물길을 없애고 밭 상태로 과수원을 운영해야 한다. 껀터 지방정부가 망고 과수원을 밭 상태로 전환하는 일에 대하여 관심을 갖고 이에 대한 시험연구실시와 과수원운영 정책의 개선을 기대한다.

■ **필자 주**
----
1. 껀터시 망고 재배면적과 생산량은 2017.12월에 껀터시 농업농촌개발국(Department of Agriculture and Rural Development)이 발행한 "껀터시 농업: 품질-안전성-다양성(Agriculture of Can Tho City: Quality-Safety-Diversity)"을 참고했다.
2. 껀터 지역 과수원에 필요한 농기계사업 진출을 희망하는 업체가 있다면 과수원 안에 물길이 있고, 육상 작업보다 물길을 따라 배를 타고 작업하고 있는 점을 고려했으면 한다.

The mango orchard working by boats

There are several waterways in the mango orchards in Can Tho city. Even if I hear that they work on a boat along the waterway, I did not understand it readily. The waterway in the orchard was a reality beyond common sense and imagination.

The waterways in the mango orchard in Can Tho city are the products of the wisdom obtained as people here have long adapted to the harsh environment. The waterways in Can Tho region's orchards are realistically feasible even beyond common sense and imagination. Therefore, farmers will continue that if a better way is not developed.

However, in order to mechanize agriculture and increase agricultural productivity, the orchard needs to operate in a field by eliminating waterways inside orchards. Expected is that Can Tho local government should be interested in converting mango orchards into fields, and have to carry out the research on the issue and improve orchard management policies.

광활한 고구마 밭과 꽃

메콩델타 빈롱도(Vĩnh Long Province)에는 약12,000ha의 고구마 밭이 있다. 들판에 끝없이 펼쳐진 고구마 재배단지 규모는 상상을 초월했다. 하지만 그곳은 고구마 재배에 맞지 않는 찰흙 논이었다. 고구마 꽃도 많이 피어 있었다.

2019.03.08일 빈롱도 빈딴구(Bình Tân District)의 고구마 재배단지를 방문했다. 그곳에 가기 전까지는 메콩델타는 충적토(沖積土, alluvium)의 찰흙(粘土, clay)으로 고구마 재배가 안 될 것으로 생각했다. 왜냐면 고구마 재배적지(栽培適地)는 배수가 잘 되고 덩이뿌리(괴근, 塊根)가 잘 형성되는 사양토(砂壤土)이기 때문이다. 때문에 한국에서는 주로 산기슭의 황토밭이나 강가의 비옥한 사양토에서 고구마를 재배하고 있다. 아무튼 내 예상은 완전히 빗나갔다.

찰흙 논에 고구마를 재배해서 그런지 재배시기는 건기에 몰려 있었다. 건기의 가뭄피해를 막으려고 고랑(Furrow)을 넓게 만들어 물을 넉넉히 가두어 두었다. 반면에 고구마가 습해에 약한 점을 고려하여 고랑을 깊게 파서 고랑 물 수면을 낮게 했다. 이러한 고구마 재배방법 개발은 이곳 사람들이 열악한 자연환경을 극복하기 위한 노력과 지혜의 산물이다.

끝이 안 보이는 고구마 재배단지

여기서 재배되는 고구마는 자색(紫色)과 겉은 붉으나 속이 흰색과 연노랑색이 대부분이었다. 품종 명은 정확히 아는 사람이 없었다. 한국엔 밤 고구마(분질 고구마)계통인 율미, 신율미, 신건미, 고건미, 물고구마(점질)계통인 증미, 연황미, 건풍미, 생식용인 신황미, 주황미, 자색고구마인 신자미 등의 품종이 있다

메콩델타에서 생산되는 고구마 종류

이곳에 고구마 재배단지가 형성된 데는 중국 영향이 크다고 했다. 중국이 이곳의 풍부한 값싼 노동력과 비옥한 토지에 눈독을 들여 씨 고구마와 재배기술을 전수하고, 여기서 생산된 고구마 대부분을 수입해 간 데서 현재와 같은 대규모 단지가 조성되었다고 한다. 그런데 어느 정도 생산량이 늘어나니 수입량을 줄이거나 싼 가격으로 수입해가서 현재 농민들은 걱정이 많다고 했다.

생산량은 늘고 수출량은 줄어든 데다 수출가격마저 싸다 보니 과잉생산과 농가소득감소가 큰 문제가 되었다. 이런 문제를 해결하기 위한 대책으로 이곳에 고구마를 비롯한 바나나, 잭푸르트, 타로, 연 씨 등을 가공하는 공장(회사명: công ty tnhh đồng phát food)이 건설되어 가동 중에 있다. 가공품은 단순한 건조제품이 주고 1일가공능력은 약100톤이다. 메콩 델타에서는 한국과 달리 고구마 순은 채소로 거의 먹

154

지 않는다. 과잉생산 문제의 해결방안의 하나로 한국과 같이 고구마 순을 채소로 사용했으면 한다.

고구마 꽃

돌아오는 길에 고구마 밭을 다시 보니 꽃이 많이 피어 있었다. 꽃은 통꽃으로 메꽃이나 나팔꽃과 비슷했다. 색은 꽃잎 아래 중앙은 보라나 핑크색이고 꽃잎 중간 위로는 연한 분홍이나 흰색이었다. 꽃부리(花冠)는 5각형이고 지름3~4cm, 꽃잎 높이(길이)는 약4~5cm였다.

고구마 꽃말은 행운이다. 꽃을 보면 좋은 일이 생긴다고 한다. 그래서일까? 그날 저녁 난 호텔 야외식당에서 메콩강의 멋진 야경을 감상하며 근사한 저녁식사를 했다. 좋은 사람들과 유익한 대화를 나누며 즐거운 시간도 가졌다.

한국에서는 고구마 꽃이 "100년에 한 번 피는 행운의 꽃"으로 알려져 있어 몇 년 전까지만 해도 신문과 방송에서 고구마 꽃 피는 것이 뉴스로 보도되기도 했다. 하지만 최근 들어서는 고구마 밭에 가면 꽃을 볼 수 있는 기회가 늘고 있다. 이런 현상은 지구 온난화로 한국기후가 아열대로 변해가고 있다는 징후다. 왜냐면 원래 고구마는 열대와 아열대의 단일성 식물에 가깝기 때문이다.

보지 않고 판단하면 잘 못을 저지르기 쉽다. 메콩델타에서는 고구마를 찰흙 논에서 재배하는 것처럼 비상식이 시간과 공간에 따라 상식이 될 수도 있기 때문이다. 따라서 중요한 결정을 할 때는 가능하면 관련된 현장을 가서 보고 듣고 체험해본 뒤에 하는 것이 현명하다.

■영어

The vast sweet potato field and flowers

There are about 12,000ha of sweet potato fields in Binh Long province, Mekong Delta. The size of the sweet potato field endless was beyond imagination. But the field was not suitable for growing sweet potatoes as the clay paddy field. There were many sweet potato flowers.

If you judge without seeing, it is easy to make a mistake. For non-common sense can be common sense depending on time and space, just like growing sweet potatoes in clay paddy fields of Mekong Delta. Therefore, when making any important decision, it is wise to go to the relevant sites, and see, hear, and experience them before making decision.

베트남에서도 씨 없는 단감이 생산되다니!(Seedless sweet persimmon is produced even in Vietnam, incredible!)

감은 온대 낙엽성 과일이라고 배웠다. 베트남에 오기 전까지는 감이 열대지역에서 생산된다는 말을 들은 기억이 없다. 그런데 열대지역인 베트남에 와보니 단감이 생산되고 있으며, 시장이나 백화점에서 판매되고 있다. 그런 단감은 씨까지 없다. 흥미로운 일이다.

단감의 생산지는 베트남 중남부의 해발1,000m이상에 위치한 달랏(Da Lat)이라 한다. 달랏은 베트남의 작은 파리, 베트남 연인들이 가보고 싶은 낭만의 도시, 꽃과 안개와 구름의 도시, 골프여행의 메카...라고 불리는 관광지역이기도 하다. 한국의 EBS세계테마기행에도 방영된 적이 있다.

베트남 재래시장에서 산 단감의 횡단면

한국에는 500년이상 된 감나무가 '천연기념물'이나 '보호수'로 지정되어 있다. 그 중 경북 상주시 외남면 소은리에 있는 "하늘 아래 첫 감나무"는 530년된 최고령 접목감나무다.

어쨌든 베트남 시장에서 단감을 보니 반가웠다. 본 김에 단감을 사서 먹어보았다. 생각보다 달고, 맛도 괜찮다. 사각사각하여 씹는 질감도 좋다. 씨가 없어 먹기도 편리하다.

껍질을 깎아 먹는 사람도 있지만, 나는 깨끗이 씻어 그냥 껍질 채 먹는다. 껍질에는 과육(열매살)에 없는 양분이 많은 반면에 감나무에는 농약을 많이 하지 않아 잔류농약 걱정도 없기 때문이다. 게다가 식물은 병해충의 침입을 막아 열매와 그 안의 씨를 보호하기 위하여 열매껍질에 나름의 병해충 저항성 물질을 가지고 있다. 그런 물질이 사람에게는 약이 되거나 건강에 이로울 수 있기 때문이다.

숲 속에 가면 상쾌하고 치유효과가 있는 것도 따지고 보면 식물이 자기를 방어하기 위해 내뿜는 물질 때문이다. 피톤치드(Phytoncide)로 알려진 이 물질은 곤충에게는 해롭지만 사람에게는 이로운 것으로 알려졌다.

저장성도 좋다. 열대과일은 대체로 저장성이 약해 사다 놓고 상해서 버리는 경우가 종종 있는데 단감은 오래 두고 먹어도 괜찮다. 바나나는 사다 놓으면 일주일 넘기기가 어렵지만 단감은 괜찮다.

보기도 좋고 촉감도 좋다. 크지도 작지도 않은 둥글 납작한 모양, 오렌지 빛깔이나 연한 주황색깔로 시각적으로 좋다. 겉은 매끄러워 만지면 느낌도 좋다.

게다가 값도 괜찮은 편이다. 2017.11~12월에 재래시장에서 1kg(5개)을 20,000동(약1,000원) 주고 샀다.

감나무는 열매뿐만 아니라 잎과 꽃으로 차를 만들어 먹을 수 있다. 활용가치도 크거니와 한국에서는 전통적으로 문(文), 무(武), 효(孝), 충(忠), 절(節) 5덕(德)을 갖춘 나무로 사랑 받아왔다. 잎은 넓어 말려서 종이 대신 글을 쓸 수 있으니 문, 먹감 재(材)는 골프헤드를 만들 만큼 탄력성, 강도를 가지고 있어 화살 같은 무기를 만드는 데 사용할 수 있으니 무, 달고 부드러워 이가 없는 어른도 먹을 수 있으니 효, 겉과 속이 다르지 않고 붉거나 주황이니 충, 서리가 와도 굴하지 않고 나무에 매달려 있으니 절이 있는 나무라고 했다.

단감을 먹을 때 마다 생각하고 다짐한다.
'감나무 오덕을 조금이라도 갖추어보자. 그리고 내가 알고 있는 것은 우주 안의 티끌과 같다. 모르는 것이 훨씬 더 많고, 내가 옳다고 알고 있는 것이 얼마든지 틀릴 수 있다. 절대로 자기의 짧은 지식을 가지고 남이(알고 있는 것을) 틀렸다고 단정해서는 안 된다. 사실이라고 알고 믿고 있는 것들 중에는 사실이 아닐 수 있고 다름이 있을 수 있고 틀림이 있을 수 있다. 자기와 다르게 이야기할 때 좀 더 겸손히 경청해야겠다.'

달랏에 가게 되면 감나무 밭도 걸어보고, 주렁주렁 달린 감도 만지고 싶다. 몇 개 따서 나눠 먹고도 싶다. 달랏의 손짓을 거부할 수만은 없게 되었다.

1. 감나무는 중국 중남부가 원산지로서 동북아시아에만 있는 온대 과일나무다. 중략.... 열대지방에도 감나무 무리가 자라고 있으나 과일을 맺지는 않는다.(우리나무의 세계1. 박상진, 김영사)

땅콩 우량종자 생산현장을 둘러보고

(Look around the peanut good seed production site)

-베트남 땅콩 우량종자 생산-보급체계 구축 희망적

2018.04.10일 응해안성(Nghe An province) 빈시(Vinh city)에 위치한 베트남 북중부농업과학연구소(ASINCV)에서 개최된 "한국 농촌진흥청의 베트남 땅콩시범마을 트랙터 기증식과 땅콩종자 건조장 준공식"에 참석하고, 땅콩 우량종자 생산 시범포장을 둘러보았다. 14년간 한국에서 벼, 보리, 감자, 옥수수, 콩의 보급종자 생산과 보급업무를 담당했던 나로서는 감회가 새로웠다.

기증식에는 한국 농촌진흥청 국외농업기술과장 오경석박사, 주 베트남한국대사관 허송무참사관, 코피아 박광근소장, LS 엠트론(Mtron) 곽인철과장과 응해안성 딩 비엣 홍(Dinh

Viet Hong) 인민위부위원장, 베트남농업과학원 부원장 레 퓍 타잉박사(Dr. Le Quốc Thanh), 북중부농업과학연구소장 팜 반 링박사(Dr. Pham Van Linh), 베트남 농업농촌개발부 국제협력국 부국장 응웬 안 민(Nguyen Anh Minh), 현지 관계자와 농민100여명이 참석하여 자리를 빛내주었다.

이번에 기증한 농기계는 한국 산업자원부의 "베트남 농기계 개량·보급사업"의 하나로 한국 LS엠트론이 베트남 현지에 알맞게 트랙터를 개발하고 이 기술을 이전 받은 베트남의 THACO사가 2018.02월부터 베트남 현지에서 생산하고 있는 맞춤형 트랙터다. 이것은 ODA(공적개발원조)사업에서 있어서 한국의 기술과 베트남의 생산력이 빚은 양국 협력의 좋은 본보기다.

기증한 트랙터 시운전

이날 농기계가 지원된 빈시의 땅콩 우량종자 보급체계 구축 사업은 한국의 모델을 적용한 시범사업으로 2017년부터 3년간 진행된다. 응해안성은 베트남 땅콩재배면적의 약25%인 17,000ha에서 연간 약40,000톤의 땅콩을 생산하는 땅콩 주산지로 알려져 있다. 우량종자 공급, 선진화 된 재배기술 보급 확대 등이 이루어지면 땅콩의 품질이 향상되고 단위 수량이 증가되어 농가소득 증대와 베트남 땅콩산업발전으로 이어질 것으로 기대된다.

땅콩 시범포장

한국의 종자생산 공급체계가 선진화 되었으나 모든 나라에 그대로 적용될 수 없는 경우도 있고 현지 여건에 맞도록 개선할 여지도 있다. 한국은 5대 식량작물에 한하여 식량안보 차원에서 정부가 보급종자 생산과 공급업무를 담당하고 있으나 베트남의 경우는 그럴 필요성이 없다. 따라서 신품종 육종과 기본식물, 원원종, 원종의 시험연구, 생산과 공급은 정부가 하되 보급종자 생산과 공급업무는 정부가 아닌 농협 등 단체나 민간회사가 담당하는 게 더 합리적이다. 사업을 추진하는 KOPIA와 베트남 북중부농업과학연구소에서 이를 검토하여 반영하기를 희망한다.

기술적인 문제지만 땅콩종자는 벼와 콩, 옥수수와 달리 수분함량이 많으면 병해충 감염, 변질 부패되기 쉽다. 따라서 FAO등 국제농업기구에서는 땅콩종자 수분함량기준을 9%로 권장하고 있다. 이점을 고려하여 북중부 농업과학연구소가 땅콩종자 수분함량을 13%로 하려는 것은 앞으로 추가 검토하여 10%수준으로 조정하였으면 한다. 벼, 콩, 옥수수 종자는 수분함량13~14%면 괜찮다.

시작이 반이라지만 첫 발을 잘 내딛는 것이 성공의 열쇠다. 조금 느리더라도 잘 검토하여 땅콩 우량종자 생산·보급체계 구축의 방향설정과 사업내용이 바르고 알차서 베트남 땅콩 생산 농가의 소득이 증대되고 땅콩산업이 발전하기를 기대한다.

■ 필자 주

1.이번 행사준비를 위해 애쓴 코피아 베트남사무소 박광근 소장과 직원 여러분, 베트남 북중부 농업과학연구소 소장 팜

164

반 링 박사(Dr. Pham Van Linh)와 직원 여러분, 그리고 정용수 전문가 등 모든 분들에게 감사를 드린다.

2.코피아 베트남사무소는 하노이에 있다. 코피아는 '해외농업기술개발사업(Korea Program on International Agriculture'의 약어다. 농촌진흥청이 주관하는 사업으로 개도국에 맞춤형 농업기술지원과 자원공동개발을 통한 협력대상국의 농업생산성 향상을 도모하여 농업발전에 기여함을 목적으로 한다.

3.베트남 농업과학원(VAAS, Vietnam Academy of Agricultural Sciences)은 농업농촌개발부(Ministry of Agriculture and Rural Development, MARD) 산하기관으로 2005.09.09일에 설립되었다. 이전에는 1952년 작물생산원(Institute of Crop Production), 1955년 농림연구소(Agriculture and Forestry Research Institute), 1957년 작물생산연구소(Research Institute of Crop Production), 1958년 농림원(Institute of Agriculture and Forestry), 1963년 농업과학원(Institute of Agriculture Sciences), 1977년 베트남 농업과학기술원(Institute of Agricultural Sciences and Technique of Vietnam)으로 변천되었다.

본원은 하노이에 있으며 6부(행정, 인사, 과학&국제협력, 교육훈련, 홍보, 재정&회계), 18개산하기관으로 구성되고, 직원은 총3,077명(교수30, 박사208, 석사536, 학사1,315명 포함)이다.

주요기능은 ❶ 비전, 전략 및 농업연구개발방향 제시, ❷ 기초 및 응용 연구, 새로운 기술의 확대보급, ❸ 교육 훈련 이다.

4 이색적인 전통음식

(An unusual traditional food)

빨간 밥

베트남엔 걱(gấc fruit)으로 색을 내어 만든 빨간 찰밥, 쏘이 걱(xôi gấc)이 있다. 뗏(Tet)과 결혼 때 나오는 대표음식이다. 이유는 베트남인은 빨간 색은 행운을 불러오고 액운을 몰아내며, 쌀은 하늘 아래 가장 귀중한 것이라고 믿는 전통 때문이다.

Xôi Gấc(Red sticky rice), Source: https://eva.vn

쏘이 걱은 베트남 쌀로 지은 밥이지만 찹쌀로 만들어 차지고 쫀득거린다. 한국인이 알고 있는 바람에 날아갈 듯 찰기 없는 안남미 밥과는 전혀 다르고 오히려 찰떡에 더 가깝다. 참쌀과 걱 이외에 올리브유나 코코넛유, 소금, 설탕 등을 알맞게 넣어 만들기 때문에 맛도 좋다. 모양도 꽃처럼 만들기도 하고, 크기도 다양하다.

걱 식물 학명은 Momordica cochinchinensis이며 동남아와 중국, 호주에 서식하는 덩굴성 식물이다. 빨간 메론, 아기 잭프루트, 쓴 가시 박(Spiny bitter gourd) 등의 영명을 가지고 있다. 암수딴그루로 알려져 있는 데 나는 암 것만 보았다.

익은 걱 열매

익은 걱 열매 모양은 둥글거나 둥근 타원형이다. 익은 열매 색은 적색 또는 주홍이며 크기는 길이가 10~15cm다. 겉에는 수백 개의 짧고 뻐센 뾰족한 돌기가 나 있다.

씨는 검거나 흑갈색 또는 적갈색이고 도톰한 원형으로 가장자리에 큰 톱니가 있다. 크기는 길이(지름)2.5~3.5cm, 두께3~5mm이다.

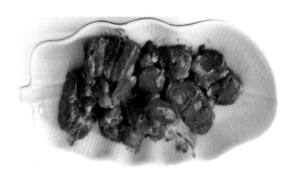
씨와 씨를 둘러싼 내과피

빨간 색깔은 걱의 씨에 붙어 있는 간처럼 생긴 물질에서 나온다. 나는 씨에 붙은 물질(내과피로 추정)을 씨와 함께 넣어 밥을 지어서 먹었다. 밥은 붉게 물들었으나, 양을 적게 넣은 탓인지 베트남인이 뗏이나 혼례 때 내놓는 쏘이 걱처럼 빨갛지는 않았다.

열매엔 프로비타민-A, 베타-카로틴, 라이코펜(Lycopene) 같은 카로티노이드가 많이 들어 있어 의약용으로 이용되기도 한다. 걱은 쏘이 걱을 만드는 것 이외에 주스 등을 만들어 먹기도 한다.

쏘이 걱(빨간 찰밥)은 빨간 색이어서 뜻도 좋고, 꽃 같은 모양을 만들어서 보기도 좋고, 달콤하여 맛도 괜찮고, 카로티노이드 함량이 높아 영양분도 풍부하다. 모두가 뗏 연휴에 쏘이 걱을 먹고 2019년 한 해에 건강하고 행운이 가득하길 바란다.

■ **필자 주** ⋯⋯⋯⋯⋯⋯⋯⋯⋯⋯⋯⋯⋯⋯⋯⋯⋯⋯⋯⋯⋯⋯⋯⋯⋯⋯⋯⋯⋯⋯⋯⋯⋯⋯⋯

1. 뗏은 음력 1월1일로 한국 설과 같다. 베트남의 최대명절이며 2019년 올해는 연휴가 2월2일에서 2월10일까지 9일이나 된다.

2. specialtyproduce.com 자료에 따르면 걱은 라이코펜 함량이 토마토의 70배, 베타-카로틴 함양이 당근의 열매나 된다고 한다.

■영어 ⋯⋯

Red sticky rice

There is "Xôi Gấc", red sticky rice which is dyed with gấc fruits. This is the representative food served at both Tet(Vietnam Lunar New Year) and the wedding ceremony. For there is the tradition that the Vietnamese believe that red color brings good luck while it drives out bad luck, and rice is the most precious thing under the sky.

Xôi Gấc is made of Vietnamese rice. It is made of the glutinous rice, so it is very sticky. It is much different from Ahn Nam(Called Vietnamese in Korea) rice, which seems to be flying away in the wind as Koreans know it. Rather than it, it is almost closer to sticky rice cake. It is also delicious because it is made of olive oil, coconut oil, salt, and sugar added to glutinous rice and Xôi Gấc, They shape like flowers, and their sizes vary.

Xôi Gấc (Red glutinous rice) is to have nice meaning in red, good to see due to the shape like flowers, tasty because of its sweetness. That is also rich in nutrients with a high carotenoid content. I hope everyone will enjoy Xôi Gấc in Tet holiday, and have a good fortune with health together in 2019.

파파야 열매 국을 먹어 보셨나요?

(Have you tried papaya fruit soup?)

과일은 보통 생으로 먹거나 주스, 즙 또는 샐러드를 만들어 먹는다. 그런데 베트남에서는 열대과일인 파파야로 국을 끓여서 먹는다. 껍질을 벗기고 씨를 발라낸 뒤 잘게 잘라서 물에 넣고 간단히 간을 맞추어 끓인 것이다.

사실 처음엔 파파야 국은 생과일로 먹는 것보다는 못했다. 시원하기는 한 데 입맛에 맞지는 않았다. 그래도 파파야 국이 나오면 귀한 음식이라 여기고 남기지 않고 다 먹었다. 그렇게 먹다 보니 지금은 먹을 만하다. 파파야가 든 국의 연한 분홍빛도 좋고 약간 달짝지근함도 그만이다.

파파야 열매 국

열매로 국을 끓여 먹는 것은 흔하지 않다. 그런데 열매로 끓인 죽(국) 이야기가 성경 열왕기하4장38절~41절에 나온다.

"선지자 엘리사가 길갈(Gilgal)에 돌아와 보니 기근이 심했다. 사람들을 가르치면서 엘리사는 일하는 사람(Servant)에게 큰 솥을 걸고 그들이 먹을 죽(Stew)을 끓이라고 했다. 그들 중의 한 명이 들로 나가 야생 박(Gourd)을 따와 무엇인지도 모르고 잘라서 죽을 끓였다.

요리한 죽을 사람들에게 퍼주니, 사람들이 먹자마자 '독이 있습니다. 먹으면 안됩니다.(It's poisoned! and wouldn't eat it.)'라고 엘리사에게 소리쳤다. 엘리사는 죽을 끓인 솥에 약간의 음식(Some meal)을 뿌린 뒤 먹게 했다. 그랬더니 먹어도 아무 문제가 없었다."

엘리사는 기근이 든 광야에서 이름도 모르는 열매로 죽을 끓여먹게 함으로서 그곳에 모인 사람들의 굶주림을 이겨냈다. 기적을 일으킨 셈이다.

여기에 나오는 Gourd(박)은 박과(Cucurbitaceae)에 속하는 Citrullus colocynthis로 알려져 있다. 영어로는 야생 박(wild gourd), 사막 박(desert gourd), 쓴 사과(Bitter apple), 쓴 오이(bitter cucumber), 소돔의 포도(vine of

173

Sodom), colocynth 등 지역과 나라마다 여러 다른 말로 불러지고 있다.

마땅한 먹거리가 없다고 굶어 죽을 수는 없지 않은가? 있는 것으로 먹거리를 만들어 살아남아야 한다. 그래서 인류는 먹거리가 부족하면 먹을 수 있는 것을 찾아서 먹고 살아남았다.

어찌 보면 파파야도 베트남인이 국거리를 찾다 보니 파파야가 여러 이점이 있어 골라졌고 지금까지 사용되고 있을 것이다. 파파야의 이점은 열매로 국을 끓여서 먹어보니 독성 문제가 없고, 영양 면에서도 괜찮고, 생산이 많으니 손쉽고 값싸게 얻을 수 있는 것이라고 생각한다.

파파야 열매로 끓인 국을 먹을 때면 대학교 다닐 때 생화학 수업시간에 교수가 한 말이 기억에 생생해진다.
"음식을 만들 때는 장갑을 끼지 않는 게 좋다. 왜냐면 음식을 만드는 손끝에서 효소가 나와 음식 맛을 좋게 만들기 때문이다."

그렇다. 열매든 잎이든 뿌리든 국을 무엇으로 끓이면 어떠랴! 먹을 수 있는 것이라면, 정성만 있으면 된다. 가장 좋은 음식은 만드는 이의 정성이 깃든 것이다. 음식을 먹고 먹는

174

이가 건강하고 행복하기를 바라는 마음으로 정성 들여 만든 음식! 그 음식이 정말 좋고 소중한 음식이다. 근무하는 기관의 구내식당 아주머니의 정성이 파파야 국에 듬뿍 들어있다 생각하니 더 맛있다.

베트남 전통 쌀 국수는 어떻게 만들까?

베트남인은 국수를 즐겨 먹는다. 메콩델타인 역시 마찬가지다. 국수 만드는 방법이 궁금하여 메콩델타의 껀터에 있는 재래식 쌀 국수공장을 가보았다. 주요 제조과정은 쌀가루 준비, 반죽 만들기, 반죽을 오븐에 얇게 펴서 찌기, 찐 팬케이크를 꺼내어 햇볕에 말리기, 말린 것을 국수제조용 틀에 넣기, 틀 아래로 나오는 국수 모으기 등이었다. 기계는 오직 면발을 뽑는 틀 뿐이고 모든 작업은 사람이 손으로 했다.

공장은 메콩강 가에 있다. 수상시장(Floating market)에서 배로 10여분 거리에 있다. 대문 위에는 방문을 환영한다는 베트남어와 영어 글귀와 함께 "lò hủ tiếu-vườn sinh thái" 라고 쓴 간판이 걸려 있다. 베트남어를 직역하면 "화로(火爐) 국수와 생태정원"이다. 밖에서 보면 식당이나 개인 집 같다.

조그만 대문 안으로 들어가면 작은 뜰과 기념품 매점이 있다. 매점을 지나가면 국수공장이 나온다. 공장은 아주 소박하다. 반죽을 찌는 오븐과 화덕, 찐 얇은 팬케이크를 꺼내서 말리는 건조장, 말린 것을 가늘게 국수모양으로 만드는 기계가 있을 뿐이다.

규모는 작아도 직접 국수 만드는 체험을 할 수 있다. 내가 갔을 땐 화란에서 온 아가씨들이 찐 팬케이크를 직접 꺼내며 즐거워했다. 나도 직접 팬케이크를 꺼내 보고 마지막 과정인 팬케이크를 틀에 넣고 틀 아래로 나오는 국수를 모아 보았다.

쌀 반죽은 미리 만들어 사용하고 있어 만드는 것은 보지 못했다. 그 밖의 실제 국수 만드는 과정은 이렇다.

1) 쌀 반죽을 오븐에 얇게 펴서 찌기
쌀 반죽은 묽은 편이다. 동그랗고 바닥이 편평한 국자로 반죽을 퍼서 오븐에 붓는다. 오븐은 한국의 작은 가마솥 뚜껑을 뒤집어 놓은 모양이다. 오븐 옆에 화덕이 붙어 있고, 왕겨를 태워서 오븐을 가열한다.

오븐에 부은 반죽은 국자 밑면으로 살살 한쪽 방향으로 돌려서 오븐 전체에 고르게 펴지도록 한다. 그런 후 오븐 뚜껑을 덮고 몇 분간 찐다. 이 과정에서 중요한 것은 반죽을 오븐 전체에 얇고 고르게 펴는 일이다.

쌀 반죽 퍼기

2) 찐 팬케이크를 오븐에서 꺼내 건조대에 놓기
팬케이크가 쪄지면 꺼내어 건조대에 올려놓는다. 오븐 뚜껑
을 열고 익은 팬케이크의 한 쪽 끝 위에 방망이를 올려놓고
1~3바퀴를 안쪽으로 돌려 들어 올린다. 그러면 오븐 위의
팬케이크가 아래로 쳐지면서 떨어진다. 그렇게 꺼낸 팬케이
크의 처진 끝을 건조대에 닿게 한 다음 옆으로 움직여 겹치
거나 찢어지지 않게 옆으로 펴놓는다. 이 과정은 쉽지 않아
숙련된 기술이 필요하다. 국수 만드는 과정 중 중요하면서
어렵다.

건조대는 대나무 조각을 엮어서 만들었다. 팬케이크를 오븐에서 건조대로 옮길 때 사용하는 방망이 역시 대나무 조각을 엮어 만들었고, 손잡이에서 끝으로 갈수록 굵다.

3) 팬케이크 말리기
찐 팬케이크를 올려놓은 건조대는 야외의 건조장으로 옮겨 말린다. 건조는 햇볕을 이용한다. 건조기는 사용하지 않는다.

찐 팬케이크를 건조장에서 말리는 모습

4) 말린 팬케이크를 틀에 넣기
잘 말린 팬케이크를 국수제조용 틀에 넣는다. 틀 위에 올려놓고 틀을 작동시키면 올려놓은 팬케이크가 안으로 들어가면서 국수가 아래로 쏟아져 나온다. 쏟아져 나오는 국수를 두 손으로 모아 받으면 끝난다. 국수생산 과정에서 이때 유일하게 기계가 사용된다.

국수 색은 흰색, 빨강, 주황, 연녹색 등 다양했다. 빨간 색은 격(gấc fruit)을 이용하여 만들었다. 화학염료가 아니었다.

틀 아래로 나오는 국수를 모으는 장면

국수공장 관광이 좋은 점은 오감(五感)이 즐거운 것이다. 실제 생산과정에 참여 체험을 통해서 국수생산과정을 눈으로 보고, 설명과 국수 뽑는 소리를 귀로 듣고, 반죽 찔 때 나는 밥 냄새 같은 구수함을 코로 맡고, 요리하지 않은 생 국수를 입으로 씹어 맛보고, 손으로 국수 발을 거두어 몸으로 느껴볼 수 있기 때문이다. 국수 만드는 곳은 한국의 옛날 시골 방앗간 같았다. 기계화 되지 않고 오랜 전통이 깃들어 있는 농가 모습이었다. 그래서 더욱 정겨웠다.

1. 국수공장의 연락처

-주소; 476/14 KV7, Lo Vong Cung, P. An Binh, Q. Ninh Kieu, TP. Can Tho,

-전화;0292-352-7013,091-821-4234,

-Email;sauhoai1985@gmail.com,

-Face book; facebook.com/sauhoairicenoodle이다.

2. 빨간 색을 내는 데 사용하는 걱(gấc fruit)에 대해서는 빨간 밥"에 자세히 설명되어 있다.

■영어

How do they make traditional Vietnamese rice noodles?

Vietnamese love to eat noodles. So do Can Tho Citizens. I wondered how to make noodles, so I visited to a traditional rice noodle factory in Can Tho.

The main manufacturing processes were preparing rice flour, making dough, steaming dough thinly in the oven, taking out steamed pancakes and drying them in the sun, putting dried ones in a noodle-making frame and collecting noodles that come under the frame. The machine is only a frame for noodles and all the work is done by hand.

The good thing about sightseeing at the noodle factory is that the five senses are pleasant. Through the experience of participating in the production process, you can see the process of noodle production with your eyes, hear the explanation and the sound of noodle making with your ears, smell the plain taste of the boiled rice when you steam dough with your nose, and chew the raw noodles with your mouth. At last, getting the noodles with your hands you feel them with your body.

The noodle factory was like an old country mill in Korea. It looked like a farmhouse with a long tradition that was handmade. So it was more friendly-nice.

베트남 스타일 풀빵(붕어빵), 반코

한국에 풀빵(붕어빵)이 있다면 베트남에는 반코(Bánh Khọt)가 있다. 맛과 영양 모두 만족스러워 간식으로는 물론 식사할 때 함께 먹어도 좋다. 맥주 안주나 거리음식으로도 괜찮다.

반코(Mini-round rice pan cake)는 지역에 따라 만드는 방법 등이 약간씩 다르다. 기름에 튀기는 것과 그렇지 않은 것이 있다. 붕타우나 호치민에서는 대체로 기름에 튀기기 때문에 그곳 반코는 바삭바삭한 편이다. 하지만 메콩델타 지역에서 내가 먹어본 반코는 반죽(피, 皮) 위에 소(Filling or Stuffing)를 놓은 후 구우며 찌는 편이다. 이런 점에서만 보면 메콩델타의 반코는 반코의 한 종류인 반껀(Banh Căn)에 가깝다.

주재료가 쌀가루인 것은 베트남 어디서나 같다. 하지만 소는 주로 지역 생산물을 사용하는 경향이 있어 지역 생산물에 따라 조금씩 다르기도 하다. 여기서는 내가 껀터에서 먹어본 반코를 중심으로 만드는 방법, 재료와 먹는 법을 이야기하고자 한다.

1) 도구

반코 제조용 오븐(팬)만 있으면 된다. 나머지 가열기, 반죽 그릇, 도마, 칼, 국자나 주전자 등은 집에 있는 것을 사용하면 된다.

2) 재료
-. 반죽재료: 쌀가루(필요하면 마트 등에서 반코용 쌀가루를 살 수 있음), 물과 코코넛 우유, 오리 알 등
-. 소재료: 새우(껍질을 벗긴 것), 다진 고기, (완두)콩류, 당근, 무, 양파, 부추 또는 실파, 고추 등
-. 기타: 설탕, 소금, 식용유(코코넛 오일), 색소(예, 노란색을 내고 싶으면 강황 가루)나 향신료

3) 만드는 방법
가) 반죽, 소, 고명 준비
-. 반죽 만들기: 반코용 쌀가루1kg와 코코넛우유1곽을 골고루 잘 섞은 다음 따뜻한 물을 부은 뒤 잘 휘저어 주전자 등에 넣어 따르면 흘러나올 정도로 묽게 만든다. 한국 풀빵 반죽 묽기와 비슷하다. 여기에 설탕과 소금을 넣어 간을 맞춘다. 노란 색을 내고 싶으면 강황 가루를 차 수푼 2개정도를 넣는다.

-. 소 만들기: 다진 고기, 새우 조각, 삶은 (완두)콩류, 당근, 양파, 파, 고추를 잘게 썰어 만든 것, 기타 좋아하는 식재료.

-. 고명 만들기: 땅콩, 캐쉬넛 등 견과류 과립, 채소생채 등

나) 만들기

-. 오븐(팬)에 반죽 붓기: 오븐(팬)을 가열하면서 식용유를 팬의 구멍에 조금씩 부어 지글지글 끓게 한다. 한국에서 전을 부치거나 풀빵을 만들 때와 비슷하다. 그 다음 각 구멍의 2/3정도 차도록 준비한 반죽을 붓는다.

팬에 반죽을 붓고 굽고 찐 피에 소 올려놓기

-. 소 넣기: 오븐 구멍에 부어 구워지고 있는 반죽 위에 준비한 소를 조금씩 넣고 뚜껑을 덮는다. 약3~6분정도 익힌다.

-. 고명 장식하기: 뚜껑을 열고 반코를 꺼내어 접시에 담고 준비한 고명을 얹는다. 맛, 영양과 함께 보기도 좋다. 그러나 일반 음식점에서는 고명을 하지 않는 경우도 있다.

184

4) 먹는 법

채소 잎에 반코를 얹은 후 생채를 올려 싸서 소스(Sauce)를 찍어 먹는다. 들깨 잎이나 김을 구할 수 있으면 이것에 싸서 먹으면 더 맛있을 것 같다. 그리고 한국의 풀빵, 부침개 (전, 煎)와 같이 식기 전에 먹는 게 더 맛있다.

식당에서 내 놓은 반코

반코와 풀빵 사이엔 조금의 차이가 있다. 한국 풀빵(붕어빵, 국화빵 등)은 밀가루 반죽을 사용하고 소가 콩. 팥이나 밤 등으로 단순하다. 반죽 안에 소를 넣고 오븐(팬)을 뒤집어가며 굽기 때문에 위아래(앞뒤)가 같다. 그러나 반코는 쌀가루 반죽을 사용하고 소가 새우, 고기, 콩, 당근 등으로 다양하다. 반죽 위에 소를 놓고 뚜껑을 덮어 팬을 뒤집지 않고 굽기(찌기)때문에 위아래(앞뒤)가 모양이 다르다는 점이다.

반코는 간식으로 인기가 있지만 식사 때 같이 먹어도 괜찮

185

다. 채소에 싸서 먹거나 싸지 않고 그냥 먹어도 맛있다. 다만 만들면서 따끈할 때 먹는 게 좋다. 식으면 맛이 반감된다. 베트남에 여행가면 반코를 먹어보기를 권한다.

▨ 필자 주

1. 풀빵(Pullbbang): 철판으로 된 틀로 밀가루 반죽에 팥이나 밤을 넣어 구워 만든 한국 식 빵(Korean-style bread baked in steel plates with red beans or chestnuts in wheat flour batter.)으로 붕어빵, 국화빵 등이 있다.

2. 반코: 작고 둥그런 쌀가루 반죽을 튀긴(구운, 찐) 빵 (Mini-round rice pan cake)이다. 베트남어 Bánh Khọt 은 현지에서 밴콧에 가깝게 발음되나 영어로는 성조가 없는 banh khot로 쓰고 반코(반콧, 밴코, 밴콧) 가깝게 발음하여 나는 반코라고 했다.

▬영어

Vietnamese style Pull Phang (Fish bread), Bánh Khọt

If there is a Pull Phang in Korea, there is a "Bánh Khọt" in Vietnam. Both the taste and the nutrition are satisfactory, so it is also good to eat together with meal as well as for snacks. It would be fine as beer snacks and street foods.

Bánh Khọt is popular as a snack, but it is okay to eat it at mealtime. It is wonderful to eat it wrapped in vegetables or not wrapped. However, it is better to make it and eat it when it keeps hot. The taste downed half when it cools. When you travel to Vietnam, try the Bánh Khọt, please.

즉석 말이 아이스크림(Instantly rolled ice cream)

눈과 입 모두를 즐겁게 해주는 즉석 말이 아이스크림이 있
다. 베트남 남부에 위치한 푸꾸옥섬(Island Phu Quoc) 야
시장(Night Market, Cho Dem)에서 맛 볼 수 있다. 거리
에서 만드는 과정을 볼 수 있고, 값도 싸 1,500원이면 족
하다.

베트남 독립기념일이 낀 3일연휴 때 푸꾸옥섬을 여행했다.
껀터시에서 자동차로 2시간30분을 가니까 Rach Gia(락키아)
라는 항구가 나왔다. 그곳에서 배를 타고 또 2시간30분을
갔다. 도착한 푸꾸옥섬은 현재 관광지로 급부상하고 있어 올
9월 중에 인천공항에서 직항이 운행될 계획이라고 한다. 하
지만 여행안내에는 이미 한국은 직항이 운행되는 국가로 소
개 되어 있었다.

저녁에 그곳 야시장에 갔다. 저녁식사를 하고 오는 길에 칼
도마질을 하는 소리가 요란하였다. 서서 보니 즉석에서 아이
스크림을 만들어 팔았다.

먹고 싶은 망고아이스크림을 주문했다. 앳된 아가씨들이 망
고 몇 조각을 철판 위에 놓고 납작하고 넓은 칼로 잘게 썰
고 다졌다. 그런 후 우유를 그 위에 붓고 다시 칼을 두드려

섞고 다졌다. 그러다 보니 과일과 우유가 섞이고 짓이겨져 죽처럼 되었다. 이것을 차가운 철판 위에 얇게 펴니 금방 아이스크림이 되고, 이것을 얇고 납작한 칼로 4~5개로 자른 뒤 앞에서 뒤로 미니까 말린 아이스크림으로 변신했다.

칼 도마질로 과일과 우유를 섞어 다져 반죽을 만든다

돌돌 말린 아이스크림을 조그만 그릇에 세워 담은 후 빼빼로 손가락 과자를 1개 꽂고 수저를 놓아 건네주었다. 보기도 좋고 맛도 있었다.

원리는 간단하다. 철판 아래 냉동장치가 있어 철판은 항상 영하의 얼음판이다. 그 위에 과일과 우유 죽을 3~5mm정도로 얇게 펴면 순간 얼어버리기 때문이다.

반죽을 얼음판에 얇게 펴서 생긴 아이스크림을 돌돌 말음

누구의 아이디어인지 모르겠다. 손님은 값싸고 맛있는 아이
스크림을 즐길 수 있어 좋다. 동시에 상인은 적은 투자로
간단한 시설을 가지고 돈을 벌 수 있어 좋다.
어디서나 참신한 아이디어는 인기다. 사람을 즐겁게 하고 행
복하게 하는 아이디어는 더욱 인기 만점이다. 인스턴트 식품
하면 거부감이 있지만 즉석 말이 과일아이스크림은 전혀 그
렇지 않다. 오히려 신선하고 양분 손상도 없고 사먹는 즐거
움까지 있어 권하고 싶다.

호박꽃, 베트남에선 채소로 애용(Pumpkin flower, a favorite vegetable in Vietnam)

베트남인은 호박꽃을 채소로 애용한다. 코스요리와 비슷한 음식을 먹을 때 식탁에서 끓여 먹는 탕에 넣어서 먹는다.

식탁에 탕이 올라오면 채소와 함께 호박꽃이 나온다. 녹색의 채소와 호박꽃의 노란 색이 잘 어울린다. 탕에는 미리 요리한 생선 또는 닭, 소고기 등이 들어 있다. 불을 붙여 탕을 끓이면서 채소와 함께 호박꽃을 넣는다. 풍성한 호박꽃은 다른 채소와 달리 뜨거운 물에 넣으면 쉬 데쳐져 숨이 죽는다. 안쓰러워 먹기가 그렇다. 하지만 그 생각도 잠시, 고기와 다른 채소, 혹은 호박꽃만 건져서 양념장에 찍어 먹으면 눈과 입이 즐겁다.

'샤브샤브' 먹을 때 버섯, 채소, 얇게 썬 고기 등을 넣어서 먹는 거나 마찬가지다. 호박꽃만 건져서 먹었더니 촉감도 좋고 씹는 질감도 좋았다. 약간의 향도 있었다. 다른 채소와 같이 먹는 것보다 호박꽃만, 아니면 호박꽃과 고기와 같이 먹는 게 더 좋았다.

꽃 채소로 식탁에 올라오는 호박꽃은 수꽃이다. 암꽃은 열매를 위해 따지 않는다. 수술은 제거한다. 대체로 꽃술에 알레

르기성이나 독성이 있기 때문이다. 삶에서 터득한 베트남인의 지혜로움이 엿보인다.

탕에 호박꽃 넣어 먹기

호박을 좀 깊게 생각해보았는가? 호박은 어찌 보면 예사(例事)로운 식물이 아니다. 호박은 뿌리, 줄기, 덩굴손, 잎, 열매, 씨 다 먹거나 약용으로 쓰인다. 이처럼 전체가 식용. 약용으로 이용되는 식물이 많지 않다.

꽃만 보자. 호박꽃도 꽃이냐고 업신여기지만, 사실 호박꽃만 한 꽃도 드물다. 완전 갖춘꽃인 동시에 꽃이 가질 수 있는 것을 거의 다 갖고 있기 때문이다.

암꽃과 수꽃이 따로 피지만 한 그루에 같이 있다. 꽃피는 기간은 열대지역에서는 연중이겠지만 4계절이 있는 한국에서도 6월부터 서리가 내릴 때까지 오래 핀다.

외모는 어떤가? 노란색 꽃잎 겉 중앙에 녹색의 세로 꽃 맥이 돋보인다. 꽃잎 위가 5갈래로 갈라져 땅에 떨어진 별 같다. 화려하지 않으나 정겹고 그런대로 아름다움도 있다. 꽃잎 아래에 콩알처럼 씨방이 달린 암꽃은 귀엽기도 하다.

거기다 향도 있다. 향은 멀리 번진다. 화려하지 않은 점을 보완하여 멀리에서까지 벌과 나비 등을 유혹하기 위해서다. 뿐만 아니다. 꿀도 있다. 호박꽃 속에 개미가 많은 이유다.

다른 채소와 함께 나온 호박꽃

이렇게 호박꽃처럼 웬만한 미와 귀여움, 향기, 꿀을 다 가진 꽃은 흔하지 않다. 일반적으로 꽃은 아름다우면 향과 꿀이 없고, 향과 꿀이 있으면 꽃은 작거나 볼품이 없다. 호박꽃은 사람으로 치면 지혜와 미, 덕과 부를 갖춘 여인인 셈이다.

그뿐이랴! 먹을 수까지 있다니 호박꽃보다 더 귀한 꽃이 어디 있는가? 게다가 꽃은 소종독(消腫毒)의 약효가 있어 남과화(南瓜花)라는 한약재로 사용되고, '쿠쿠(쿨)비타신(Cucurbitacins)'이란 성분이 있어 이뇨효과도 있는 것으로 알려져 있으니 무엇을 더 바라랴!

베트남에 와서 호박꽃을 먹으니 어린 시절 어머니가 끓여준 호박 잎 국이 그립다.

가을 추수가 끝날 무렵이다. 어머니는 마른 호박 덩굴 끝에 달린 어린 호박 잎과 덩굴손, 알밤만한 호박을 따서 깨끗이 씻어 섞고 손으로 문질러 으깼다. 그것을 쌀 뜬물에 넣었다. 다음 간장이나 소금 좀 넣고 끓였다. 더러는 된장을 좀 풀기도 했다. 어찌나 맛있었는지, 그 맛은 먹어보지 않고는 알지 못한다.

어린 시절로 돌아가 나 스스로가 호박 잎 국을 베트남에서 끓여 먹으려 한다. 재료가 다 있으니 어려울 것도 없을 성싶다. 그때는 꼭 호박꽃도 함께 넣겠다. 맛과 영양도 더 좋고, 과거의 추억까지 달랠 수 있으니 벌써부터 기대된다. 이러고 보니 내겐 호박꽃은 그냥 단순한 꽃, 단순한 채소 이상이다.

5 곤달걀, 쥐까지 먹고 과일은 소금 찍어 먹어
(Eat rotten eggs, even mice, and the fruit dipping with salt)

베트남 남부에서는 쥐를 먹는다

껀터 재래시장에서
밝은 웃음과 함께 팔고 있는 쥐 고기를 보여주는 아줌마

인간은 묘한 존재다. 편견과 선입견, 관습과 전통, 고정관념
에 단단히 사로잡힌 동물이다. 베트남에 와서 쥐를 잡아먹는
것을 보고 느낀 생각이다.

195

메콩델타의 재래시장에서 쥐 고기는 다른 고기와 같이 자연스럽게 거래된다. 식사나 술 마실 때 다른 음식과 같이 쥐 고기 요리도 먹는다

메콩델타 농촌에서는 쥐를 잡아 파는 수입이 짭짤하다고 한다. 쥐는 쥐구멍을 파거나 덫을 놓아 잡는다. 한국인은 쥐를 혐오하여 먹지 않지만 베트남 남부에서는 가난하여 고기 먹기가 어려웠던 옛날엔 쥐 고기요리는 어르신에게 만 보양식으로 드린 귀한 음식이라 한다.

산책을 하는 데 남자 넷이 그들 집 앞길에 식탁과 의자를 놓고 술을 마시고 있었다. 지나가는 나를 보고 맥주한잔 하자고 권했다. 산책을 하면서 가끔 보아서 낯익은 사람도 있었다. 시간도 있고, 날씨가 더워 맥주 한잔 하고도 싶었으며, 베트남 사람들과 친해지고 그들의 삶을 피부로 느끼고 싶기도 하여 그들과 합석을 했다.

음식은 간단했다. 삶은 새우, 양념소스, 육포 비슷한 마른 고기, 여러 가지 채소와 고기를 넣고 양념을 해서 끓인 시원한 국, 땅콩 등을 넣어 양념을 하여 무친 고기음식과 사이공 맥주가 있었다.

맥주를 한 잔 받아 같이 마셨다. 앞에 있는 이름 모르는 음

196

식을 나무젓가락으로 땅콩처럼 보이는 것과 함께 집어 입에 넣었다. 그랬더니 함께 술을 마시는 사람들이 웃으며 괜찮으냐고 물었다. 왜 그러냐고, 그 음식이 무엇이냐고 물었다.

내가 맛본 쥐 고기 요리

스마트 폰을 꺼내어 구글 번역 앱을 이용하여 영어로 번역하여 보여주었다. 그것을 보는 순간 구토할 지경이었다. 쥐 고기였기 때문이었다. 그러나 입안의 음식은 이미 위로 들어갔으니 어쩔 수 없었다. 태어나 음식을 먹고 꺼림칙하고 구토할 것 같은 음식 2번째가 그때 먹은 쥐 고기 음식이었다. 맛이 이상해서가 아니라 '쥐는 더럽다. 쥐 고기는 먹지 않는다.'는 굳어진 내 생각 때문이었다.

먹고 토하고 싶었던 첫 번째 음식은 중국 연길시 한 식당에서 먹은 맑고 투명한 물 같은 술이었다. 포도주 잔에 따라온 술 맛이 괜찮아 한 잔 더 달라고 해서 기분 좋게 마셨다.

식사 후에 그 술이 뱀술이라는 것을 알았을 때는 온 몸이 떨렸고 괴로웠다. 술 맛 때문이 아니라 '뱀은 징그럽다. 무섭다.'는 생각 때문이었다.

뱀술과 쥐 고기 모두 맛은 이상하지 않았다. 오히려 좋았고 먹을 만 했다. 먹은 뒤 후회스럽고 토하고 싶었던 것은 맛 때문이 아니라 쥐와 뱀에 대한 안 좋은 고정관념과 편견, 선입견, 관습과 전통 때문이었다. 오랫동안 몸과 마음에 밸 대로 스며있는 뱀과 쥐에 대한 부정적 생각 때문이었다.

여기 사람들은 쥐 고기 먹고 탈 난 일이 없다고 했다. 쥐 고기라도 먹고 건강하게 살아가는 것이 안 먹고 영양실조로 고생하는 것 보다 낫다는 저들의 생각에 공감이 되었다.

자료를 보니 쥐 고기를 먹는 나라는 베트남뿐만이 아니다. 캄보디아, 네팔 타루족, 태국, 중국, 라오스 등의 동남아 많은 나라에서 쥐 고기를 먹는 것으로 알려져 있다.

일체유심조(一切唯心造), 모든 것은 맘먹기에 달렸다는 말이 맞음을 다시 한 번 절감했다. 먹어보니 쥐 고기도 다른 고기와 맛이 크게 다르지 않았다. 분명하다. 쥐 고기도 고기다. 쥐를 먹지 않는 사람들의 마음에 '쥐는 더럽고 못 먹는다.'고 정해져 있을 뿐이다.

Rats are edible in southern Vietnam

Humans are a subtle being. People also are animals firmly held in prejudice and preconception, customs and traditions, and stereotypes. It is the thought that I felt when I came to Vietnam and saw Vietnamese eating the rats.

At markets in Can Tho, rat meat is marketed naturally like other meat. When the Vietnamese want to eat or drink, they can also eat the cooked rats' meat like other foods

Both snake wine and rat meat themselves were not unpleasant in taste. Their tastes were rather good, and they were not bad to eat. The aversion to rat meat and snake wine was not because of the taste but because of the bad stereotypes, prejudices, preconceptions, customs and traditions on rats and snakes so that I wanted to regret and vomit after eating them. It was because of the negative thoughts about snakes and rats that permeated the body and mind for a long time.

The people here said that they ate rat meat and did not have any problems. I was sympathetic to their idea that to live healthy life by eating even rat meat is better than suffering from malnutrition without eating rat.

Once again, I felt strongly that right is 'everything depends on the mind.' When I ate rat meat, its taste did not differ greatly from that of other meat. Obviously, rat meat also is a sort of meat. In the minds of people who do not eat rats, it is only rooted that "Rats are dirty and is not edible."

베트남인은 곤달걀을 버릴까 아니면 먹을까?

베트남에선 곤달걀이 버젓한 음식이다. 거리식당은 물론 호텔식당에서도 곤달걀이 음식으로 나온다. 재래시장에서는 곤달걀을 맘대로 살 수 있으며, 오히려 곤달걀 가격이 일반 달걀 값보다 약간 비싸다.

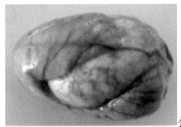

삶아 껍질을 깐 곤달걀

곤달걀은 부화(孵化-병아리가 알을 깨고 나옴) 직전의 알이다. 알이 곯거나 정상이 아니어 병아리가 되지 못한 알이어서 날로는 먹지 못하고 삶아서 먹어야 한다. 베트남에서는 곤달걀을 쯩빗론(trúng vịt lộn) 또는 호빗론(hột vịt lộn)이라고 하며 삶아서 즐겨 먹는다.

나는 베트남에 간지 1개월이 갓 지난 2017.09.28일에 멋모르고 곤달걀을 처음 먹었다. 메콩델타 하우장도의 초청을 받고 그곳에서 개최한 쌀 세미나(Rice Seminar)와 메콩델타 개발총회(Mekong Delta Development Conference)

에 참석하였다.

총회가 끝나고 봉센호텔(Hotel Bông Sen)에서 점심식사를 했다. 그때 특이한 음식이 있어 물었더니 삶은 곤달걀이라고 하였다. 맛과 영양이 좋은 고급음식이라고 했다. 곤계란이라는 말이 음식으로 어울리지 않았고, 외관상 다소 거부감이 있이 있어 망설였다. 그러자 베트남 일행이 먼저 먹으며 맛을 보라고 권하여서 눈 찔끔 감고 먹었다. 털 같은 이물질이 씹히는 질감이 소름 돋을 것 같았지만 맛은 괜찮았다.

그 뒤 껀터시의 거리식당에서 국수를 먹는데 음식과 함께 껍질을 까지 않은 채로 곤달걀이 나왔다. 어떻게 먹느냐고 물었다. 국수 파는 아주머니는 달걀 한쪽 끝의 껍질을 깨서 구멍을 내고, 그곳에 소금이나 소스(식초+소금+마늘+고추+생강+향초 등을 섞은 양념장)를 넣어 차 수저(Tea spoon)로 퍼 먹으라고 했다. 아주머니가 일러준 대로 먹었다. 봉센호텔식당에서 먹은 것보다 즙이 있어 팍팍하지 않고 따뜻하며 이물질이 씹히는 느낌도 적을 뿐만 아니라 직접 눈으로 보지 않아서 그런지 먹기에 부담이 없었다. 맛도 괜찮았다.

재래시장에서 달걀을 사는 데 보통 달걀보다 값이 비싼 달걀이 있었다. 물어보았더니 곤달걀이라며 달걀 파는 아주머니가 쑥스럽다는 듯 웃었다. 나중에 알았지만 아주머니의 쑥

202

스런 웃음은 곤달걀이 남자정력에 최고라는 뜻 때문이었다. 일반 달걀 가격은 품질에 따라 차이가 있지만 재래시장에서 10개에 약30,000동이고, 곤달걀 값은 35,000~40,000동으로 일반달걀보다 약간 비쌌다.

아주머니의 수줍은 미소에 38,000동을 주고 곤달걀10개를 샀다. 집에 와서 저녁에 곤달걀1개를 삶았다. 껍질을 벗겼다. 검붉은 색의 즙이 흘러나왔다. 물로 씻어냈다. 일반 달걀과 달리 겉이 고르지 않고 하얗지도 않았다. 겉에 실핏줄 같은 게 있었고 위아래는 노랗고 가운데는 하얀 색에 가까웠다.

삶아 껍질을 벗겨 썰어 놓은 곤달걀

칼로 잘라보았다. 생기다 만 병아리 형체와 아주 미세한 잔털 같은 게 보였다. 칼로 자르기 전에는 먹는 거부감이 적었지만 자른 것을 보니 먹기가 고약스러웠다. 그러나 이미 호텔과 식당에서 먹어본 음식이니 먹자며 양념장을 만들어 찍어서 먹었다.

한국에서도 70년대이전 시골에서는 암탉이 알을 품어(抱卵) 병아리를 생산했다. 이때 병아리가 나오지 않은 알 즉 곤달 걀을 허리 아픈데 좋은 거라고 하면서 버리지 않고 시골 사람들은 삶아서 먹기도 했다. 지금 베트남 인들이 먹는 곤달 걀과 같은 것이다.

곤달걀은 현대 한국인에게는 혐오식품이다. 하지만 베트남에서는 호텔식당과 거리식당에 이르기까지 곤달걀 요리는 남녀노소 모두에게 인기음식이다. 이것은 베트남뿐만 아니다. 동남아의 필리핀, 태국, 중국 등에서도 곤달걀 요리는 대중 음식으로 알려져 있다.

음식에 편견을 가지면 가질수록 맛있고 독특한 여러 나라의 다양한 전통음식을 맛볼 기회는 그만큼 더 줄어든다. 음식에 대한 편견을 버리고 세계 여러 나라의 전통음식을 맛보자. 그렇게 하는 것이 그렇지 않은 것보다 더욱 멋지고 재미있는 삶이다.

▨ 필자 주

1. 베트남엔 곤달걀은 물론 곤오리알도 있다.

2. 시장서 팔거나 식당음식으로 나오는 곤달걀이 암탉이 자연부화 할 때 생긴 것인지 아니면 일부러 인위적으로 만든 것인지는 잘 모른다.

Will the Vietnamese throw away or eat rotten eggs?

In Vietnam, the spoiled eggs on the verge of hatching are a deserved food. Not only street restaurants but also hotel restaurants serve them as food. In traditional markets, you can buy the spoiled eggs at will, and the price of the spoiled eggs is a little higher than the normal egg price.

The more prejudiced you have in food, the less chances you have to taste the various traditional foods from different countries that are delicious and unique. Let us get rid of the prejudice on food, and taste the traditional foods from many countries around the world. Doing so is more wonderful and more fun life than it is not.

과일과 소금이 만나면?

베트남에서는 파인애플, 망고, 구아바, 자바애플 등 열대과
일은 물론 딸기도 소금을 찍어 먹는다. 식당에서도 이런 과
일은 소금과 같이 나온다. 왜 소금을 찍어 먹느냐 고 물으
면 전통이고 맛있기 때문이라고 한다.

파인애플+소금, 간식

열대 아프리카에서 3년생활했어도 그곳에서 과일을 소금 찍
어 먹은 기억이 없다. 한국에서는 토마토에 설탕 대신 소금
을 뿌려 먹는 게 전부다. 그런데 메콩텔타에선 여러 종류의
과일을 소금 찍어 먹는 것이 생활화 되었다.

왜 그럴까? 한 마디로 말하면 과일과 소금이 만나면 이로운
점이 많기 때문이다. 좀 더 자세히 보면 이렇다.

첫째, 이곳 사람들 대답처럼 그게 전통이기 때문이다. 나쁘
206

거나 불편한 전통이 아니니 굳이 따르지 않을 이유가 없다. 전통이 되었다는 것은 오래 전 옛날부터 과일을 소금 찍어 먹으니 좋았음을 체험했기 때문이다. 그 이유가 과학이 발달함에 따라 연구결과 밝혀지고 있다.

둘째, 과일만 그냥 먹는 것보다 소금 찍어 먹으면 맛이 좋기 때문이다. 실제로 소금을 찍어 먹어보니 파인애플, 망고 (그린망고), 구아바 등은 단맛이 더 많이 느껴졌다. 과일을 소금과 같이 먹을 때 단 맛이 높아진다는 연구 결과는 많다. 특히 그린망고는 익어도 무르지 않고 딱딱하며 깎아 먹으면 어떤 것은 생고구마 맛이 난다. 그런데 소금을 찍어 먹으면 단 맛이 커짐과 동시에 팍팍함도 줄어들었다. 수분 함량이 높은 자바애플은 싱거움이 줄어드는 느낌이었다.

셋째, 사람에게 필요한 염분을 효과적으로 섭취할 수 있기 때문이다. 이곳 메콩델타는 베트남남부지역으로 연중 고온다습하여 사람들이 땀을 많이 흘린다. 당연히 온대나 한 대 지역 사람보다 많은 염분(나트륨)섭취가 필요하다. 그런데 맨 소금을 먹는 것은 여러 가지로 고역스럽지만 과일과 같이 먹으면 과일 맛도 좋고 필요한 염분 섭취를 할 수 있어 건강에도 이롭기 때문이다.

넷째, 과일용 소금이 잘 개발되었기 때문이다. 마트 등에 가면 과일을 찍어먹을 수 있는 Muoi Ot(Chili Salt)같은 다양한 맛소금을 쉽게 살 수 있다. 이들 소금은 그냥 먹어도 입맛을 돋운다.

과일과 같이 찍어 먹는 맛소금

다섯째, 소금의 신비로운 특성 때문이다. 소금을 찍어 먹으면 과일 맛이 아무리 좋고 영양분 섭취가 효율적이어도, 만약 소금이 자연상태에서 화학반응을 일으켜 분해된다면 먹을 수 있을까? 결단코 없다.

자연상태에서 소금이 분해되면 먹지 못하는 이유는 이렇다. 소금은 화학명이 염화나트륨이고 분자식은 NaCl이다. 화학적으로 수산화나트륨(NaOH, 가성소다)과 염화수소(HCl, 염산)를 이용하여 합성할 수 있다. 쉽게 말하면 소금은 유독성 물질인 양잿물과 염산이 화학결합을 한 무기물인 셈이다. 따

208

라서 우리가 먹는 소금(食鹽)이 만약에 물을 만나거나 다른 방법으로 자연상태에서 분해된다면 양잿물과 염산으로 변할 수 있기 때문이다. 이러니 어떻게 소금을 먹을 수 있겠는가? 말할 것도 없이 먹지 못할 것이다.

그런데 신비하고 경이롭게도 우리가 먹는 소금인 천일염(天日鹽)과 암염(巖鹽)등은 자연상태에서 생산된 것으로 이들은 물을 만나면 녹기는 해도 가수분해는 일어나지 않는다. 다시 말하면 화학적 분해인 역반응(逆反應)이 일어나지 않는다. 얼마나 다행이며 신비로운 일인가!

하지만 이런 소금이 인체 내에 들어가면 나트륨 이온과 염소 이온 등으로 분해된다. 염소 이온은 위에서 위액 구성성분인 염산을 만든다. 나트륨은 인체에서 생산할 수 없는 필수 성분으로서 세포외액(細胞外液, extracellular fluid)에 가장 많이 들어있는 양이온이다. 이곳에서 나트륨은 세포외액의 량, 산(酸)과 염기(鹽基)의 평형, 세포막(Cell/Plasma membrane) 전위(電位, Electric Potential) 조절 등과 세포의 물질 능동수송(Positive transport)에 중요한 역할을 한다.

이렇듯 소금은 인체 내에서 아주 중요한 생리작용을 하는 생명유지에 필수불가결한 물질이다. 동시에 대체가 거의 불

가능한 짠 맛을 내는 무기물이다.

알고 보니 과일을 소금 찍어 먹는 것은 맛도 향상시키고 살아가는데 필요한 양분을 섭취하기 위한 좋은 방법이다. 결코 이상하게 볼 것이 아니라 오히려 바람직하고 권장될 일이다. 특히 땀을 많이 흘리는 여름철이나 열대지역에서는 과일 소금 찍어 먹기는 더욱 그렇다.

■ 필자 주

1. 자바애플: 자바애플 학명은 Syzygium samarangense 이다. 영명은 자바애플 외에 왁스애플이라고도 하며, 태국에서는 러브애플(Love apple), 필리핀에서는 마코파라고 한다. 베트남 사람들은 떠오자바(Táo java) 또는 플럼(Plum, 서양자두)이라고 한다. 그러나 한국인이 생각하는 자두와는 딴판이다. 모양은 긴 종 모양으로 열매 살은 연한 무 같으며 껍질을 벗기지 않고 먹는다. 익은 열매는 붉다.

2. muối ớt: 맛소금으로 고추 등을 가미한 정제된 고추소금 (Chili salt)이다. 식당 등에서는 여기에 생 고추를 썰어 넣기도 하고 입자크기는 식당에 따라 다르기도 하다.
3. Wikipedia 등을 참고했다.

When fruits meet salt?

In Vietnam, people have eaten tropical fruit such as pineapple, mango, guava and java apple, even strawberry with salt. In the restaurants, these fruits come with salt. When I asked why they eat fruits with salt, they answered "it is because it is the tradition and tastes good."

It turns out that eating fruits with salt is a good way to improve the taste and to get the nutrients we need to live. It is not something that should feel as odd, but it is something that should think rather desirable and recommendable. This is especially more necessary in the sweaty summer and in the tropical region.

6 고유 문화와 풍습; 논엔 무덤, 화장실엔 화장지보다 비데
(Indigenous culture and customs; Tombs in rice fields,
bidets over toilet paper in toilets)

전통문화와 자연의 아름다움이 손짓하는 땅

메콩델타는 전통문화와 자연의 아름다움이 잘 보존된 땅이다.
이곳은 외국투자도 적고, 베트남 정부에 의한 개발이 느린데
다 서양문화의 영향을 덜 받았기 때문이다. 따라서 베트남
남부의 전통문화 그리고 자연풍경을 보고 즐기는데 이곳만한
곳이 없다.

o. 투자
2018년기준 베트남은 국내총생산의 33.5%인 18,566,060
억VND을 투자했다. 투자분야는 농림수산업, 광업, 제조업,
에너지와 물 분야, 건설업, 도·소매업, 교통 및 물류분야,
숙박·음식료 서비스업, 금융·보험업, 과학기술분야, 정보통신
업 등이었다. 투자주체별로 보면 정부 33.3%, 비정부(Non-
State)43.3%와 외국23.4%로 되어 있다.

2018년기준 베트남6개권역별 외국직접투자는 수도 하노이가

있는 홍강델타40.8%, 호치민이 있는 남동부37.8%로 많았다. 반면 메콩델타는 7.2%에 불과했다. 메콩델타가 아직은 외국인 투자지역으로 큰 관심을 끌고 있지 않다는 반증이다.

베트남 6개 권역별 및 메콩델타 시도별 외국직접투자(FDI)현황

구분		2018.12월까지 외국직접투자 누적		2018년 외국직접투자	
		사업 수 (건)	투자액 (백만달러)	사업 수 (건)	투자액 (백만달러)
베트남 총계		27,454	340,849.9(100%)	3,147	36,368.6(100%)
6개 권역	홍강델타	8,948	99,042.0(29.1)	1,155	14,833.5(40.8)
	중북산간	916	16,177.6(4.7)	102	1,423.1(3.9)
	북중부해안	1,722	56,808.2(16.6)	221	3,685.9(10.2)
	중앙고원	144	909.1(0.3)	6	99.7(0.1)
	남동부	14,139	143,682.5(43.0)	1,523	13,738.2(37.8)
	메콩델타	1,535	21,461.8(6.3)	140	2,588.1(7.2)
메콩 델타	계	1,535	21,461.8	140	2,588.1
	껀터	82	693.0	7	43.9
	롱안	1,042	7,396.4	92	707.7
	띠엔장	114	2,192.0	10	247.0
	벤쩨	61	1,053.6	4	403.5
	짜빈	39	3,231.2	2	150.8
	동탑	16	157.2	11	170.8
	안장	25	208.1	1	1.8
	끼엔장	51	4,724.5	4	353.9
	하우장	21	450.1	1	5.9
	속짱	15	240.6	3	89.8
	박리우	11	439.9	1	368.1
	까마우	11	70.2	2	37.7

출처: Statistical Yearbook of Vietnam 2018. General Statistics Office of Vietnam

2018년까지의 누적외국직접투자를 국가별로 보면 한국은 베트남에 가장 많은 투자를 하는 국가이며, 한국투자액은 베트남 전체의 18.4%에 달하는 62,630.3백만 달러였다. 한국은 일본, 중국 보다 베트남에 많이 투자했다.

베트남에 대한 주요 국가별 투자현황.

	2018.12월까지 외국직접투자 누적		2018년 외국직접투자	
	사업 수 (건)	투자액 (백만 달러)	사업 수 (건)	투자액 (백만 달러)
총계	27,454	340,849.9(100%)	3,147	36,368.6(100%)
한국	7487	62,630.3(18.4)	1,071	7,320.5(20.1)
일본	4007	57,372.1(16.8)	440	8,944.5(24.6)
중국	2168	13,414.2(3.9)	408	2,531.7(7.0)
미국	904	9,348.0(2.7)	88	555.4(1.5)
기타	12,888	198,085.3(58.2)	1,140	17,016.5(46.8)

출처: Statistical Yearbook of Vietnam 2018. General Statistics Office of Vietnam

o.관광

.관광수입: 2017년기준 베트남 총 관광수입은 36조1118억 VND(약15억36백만U$)다. 관광수입의 61.2%는 사이공이 있는 동남부, 26.5%는 하노이가 있는 홍강델타, 8.8%는 다낭이 있는 북중부-중부해안이 차지하고, 메콩델타는 2.3%에 지나지 않았다. 그러나 메콩델타의 2.3% 점유율은 2010년

1.7%에 비해 증가한 것이다.

.외국방문객 수: 베트남을 찾은 외국인 수는 2018년기준 총 12,485천명이며, 중국인4,966.5천명, 한국인3,485.4천명, 일본인826.7천명 순으로 많았다. 2010년에 비해 한국인은 702.8%로 크게 증가한 반면에 중국인은 548.5%, 일본인은 187.0%로 증가했다. 2010년이이후 한국인의 베트남 방문객이 다른 나라에 비해 크게 증가했음을 알 수 있다.

.메콩델타 관광: 메콩델타 여행하면 주로 띠엔장도에 있는 미토시(My Tho) 메콩투어를 말한다. 미토는 사이공에서 머물며 하루 일정으로 여행할 수 있다. 여행코스가 많지만 주로 미토(My Tho)지역 4개섬과 운하, 전통마을, 농장 등을 구경하며 전통음식도 즐기고 전통놀이도 한다.

껀터시에서 숙박을 하며 메콩투어를 할 수도 있다. 관광프로그램은 10개이상이 있다. 대체로 메콩강을 따라 배로 이동하면서 2~5시간 동안 수상시장, 섬, 양식장, 과수원, 전통국수공장 등을 들려 구경한다. 시간이 되면 여행사, 가이드와 협의하여 시간을 연장하고, 여행 중에 점심도 먹고, 가고 싶거나 보고 싶은 것을 추가할 수 있다.

안장도 쩌독에 있는 물과 늪지 속에 있는 차 나무숲(짜스 또는 짬 짜스, Rừng tràm Trà Sư, Tra Su Cajuput Forest)을 작은 배를 타고 다니며 구경하는 것도 추억거리다. 시간적 여유가 된다면 안장도의 "금지된 산"이라는 깜산(núi cấm, cam mountain)에 가서 메콩델타 유일의 케이블카를 타고 만영사(萬靈寺)와 열대우림을 구경하는 것도 좋다.

안장도 쩌독에 있는 짜스(물속 숲)

베트남 땅끝인 까마우성 농촌, 새우양식장, 수상마을을 보는 것도 좋다. 그저 농촌 길을 다니며 색다른 게 있으면 차에서 내려 구경하는 것만으로도 여행가치가 충분하다.

.대교: 메콩델타에는 유명한 대교가 3개 있다. 껀터시와 빈

롱도를 연결하는 껀터대교(일본지원), 띠엔장도와 벤쩨도를 잇는 미토대교(호주지원), 그리고 껀터시와 동탑도를 연결하는 밤꽁대교(Vam Cong)가 있다. 밤꽁대교는 한국 ODA자금으로 착공6년만인 2019.05.19일 개통되었다.

베트남에서는 메콩강이 크게 9개로 갈라져 흐른다 하여 메콩델타를 꿀롱델타(九龍, Cuu Long)라 부른다. 아직 개발의 때가 덜 묻은 메콩델타에 가서 베트남 남부의 전통문화와 자연풍경을 맘껏 즐겼으면 한다.

▨ 필자 주

1. 여행예약 등은 사이공(호치민)에서는 신투어(The sinh tourist, 예전이름 Sinh cafe), 껀터에서는 껀터여행사 (Can-tho-tourist, Travel Service Center, Tel: 090-780-3989, 인터내셔널호텔 1층)에서 할 수 있다.
2. 2019.01.17일 비엣젯항공이 인천-껀터노선 신규취항을 했다. 주3회 운항계획이어서 옛날보다 한국인이 메콩델타 오가기가 쉬워졌다.

■*영어*

Land beckoned by traditional culture and natural beauty

Mekong Delta is land where traditional culture and natural beauty are well preserved. For there were few foreign investments, its development by the Vietnamese government was slow, and its affection by Western culture was less. Therefore, there is no place like this to see and enjoy the traditional culture and natural scenery in southern Vietnam.

The Mekong Delta is called the Cuu Long Delta in Vietnam because the Mekong River there is divided into nine major rivers like 9dragons. I hope you will go to the Mekong Delta, where development is still less, and enjoy the traditional culture and natural scenery of southern Vietnam to your heart's content.

베트남 4개띠 상징동물이 한국과 달라

베트남에도 한국과 같이 12띠가 있으며 순서도 같다. 그러나 한국과 4개띠의 상징동물이 다르다. 토끼는 고양이, 소는 물소, 양은 염소, 그리고 돼지는 멧돼지로 되어있다. 일상생활에서 띠의 영향은 베트남에서는 한국만큼 크지 않은 것 같다.

"띠란 사람이 때어난 해의 지지(地支)를 동물이름으로 상징하여 이르는 말"이다. 지지는 12가지가 있으며 이를 12지(十二地支 또는 十二支)라하고 순서로 보면 자(子)-쥐, 축(丑)-소, 인(寅)-호랑이(범), 묘(卯)-토끼, 진(辰)-용, 사(巳)-뱀, 오(午)-말, 미(未)-양, 신(申)-원숭이, 유(酉)-닭, 술(戌)-개, 해(亥)-돼지다.

띠를 사용하는 국가 중 한국, 중국, 일본, 베트남, 인도, 태국 등은 띠 순서가 같다. 그러나 띠를 상징하는 동물은 한국과 중국은 같지만 그 밖의 나라는 몇 개씩 다르다. 베트남 이외의 인도는 호랑이를 사자, 용을 나가(Naga), 일본은 돼지를 멧돼지, 태국은 돼지를 코끼리(象)나 돼지로 하고 있다.

같은 띠라 할지라도 동물이 활동하는 시간대나 장소 또는 방위(方位), 지역과 종족에 따라 동물의 순서가 조금씩 바뀌기도 한다. 예를 들어 중국 소수민족인 이족(彝族)은 닭-개-돼지-쥐-소-호랑이-토끼-용-뱀-말-양-원숭이 순서로 닭-개-돼지가 쥐 앞에 있다. 그런가 하면 몽골족은 호랑이-토끼-용-뱀-말-양-원숭이-닭-개-돼지-쥐-소 순서로 쥐-소가 돼지 뒤에 있다.

여기서 한 가지 주의할 것이 있다. 원래 십이지는 중국에서 달력에 사용하거나 순서를 나타내는 12글자였는데 불교가 들어온 뒤 인도의 12수(동물, 獸)의 영향을 받아 상징동물을 더한 것으로 알려져 있다. 따라서 십이지의 글자 훈(訓)이 동물과 맞지 않는다. 예를 들어 쥐 자(子), 소 축(丑)은 적합하지 않고 쥐 서(鼠), 소 우(牛)가 맞으므로 첫째 지지 자, 둘째 지지 축이라고 하는 게 원칙이다.

대문 안 밖의 2마리 고양이

베트남이 십이지의 토끼를 왜 고양이로 했을까? 베트남은
220

초원보다는 수목이 많고 특히 메콩델타는 지하수면(地下水面)이 높고 질흙이다. 따라서 베트남 특히 메콩델타는 풀을 좋아하며 굴을 파고 살기 좋아하는 토끼가 살기에 적합하지 않다. 반면에 토끼 묘(卯)와 고양이 묘(猫)가 음(音)이 똑같다. 따라서 베트남이 중국문화를 받아들이는 과정에서 토끼 대신에 자기들에게 친숙하고 베트남에서 잘 살 수 있는 고양이로 바꿨을 것이다. 이처럼 중국문화를 수용하는 실리를 살리면서 중국문화에 대한 배려를 한 것이 베트남인의 타 문화수용의 재치다. 실제로 중국 옥편(玉篇)에는 토기 卯는 넷째 십이지와 고양이 猫로 되어 있다. 베트남 옥편(字典) 역시 토끼 卯(mao)가 고양이 卯(mao)로 표기 되고 넷째 십이지로 되어 있다.

거리를 지나가는 물소 떼

십이지의 미(未)를 양이 아닌 염소로 한 이유는 이렇게 추정

된다. 원래 고대 중국에서는 털을 깎는 면양(綿羊)을 키우지 않았기 때문에 십이지의 양은 산양(山羊)을 뜻하였다. 산양은 염소와 가깝거나 염소로 볼 수 있다. 그래서 십이지의 未를 염소 띠로 하는 것이 더 합리적일 수 있다고 보았을 것이다.

나머지 소를 물소, 돼지를 멧돼지 띠로 하는 것은 베트남인이 이들 동물에 더 친숙하기 때문이 아닐까 한다.

베트남도 불교와 중국문화의 영향으로 12띠가 있지만 한국과 달리 일상생활 속에 깊고 넓게 스며있지는 않은 듯 했다. 일반인들은 띠를 잘 모르거나 알아도 별로 생활에 응용하지 않고 있기 때문이다.

■ 필자 주

1. 한-베 뉴스레터(한국 뉴스 66호, 2011-02-09), 나무위키의 십이지(十二支), 한국학중앙연구원 발행 한국민족문화대백과 등을 참고 했다.
2. 나가(Naga): 반은 인간, 반은 뱀인 모습을 한 신비한 동물이다.

Vietnam's 4zodiac symbols are different from Korea

Vietnam also has 12zodiac(Animal of the year) in the same order as Korea. However, the 4symbolic animals of the year are different from those of Korea. A rabbit, a cow, a sheep and a pig in Korea turned into a cat, a buffalo, a goat and a wild boar in Vietnam. The impact of the Zodiac in a daily life in Vietnam does not seem to be as big as in Korea.

Vietnam also has 12zodiac due to the influence of Buddhism and Chinese culture, but unlike Korea, it did not seem to be active deeply and widely in everyday life. Ordinary people do not know 12zodiac well, and they rarely apply it to their daily lives even though knowing it a little.

메콩델타에는 왜 무덤이 논에 있을까?

메콩델타 사람들은 대체로 논에 무덤을 만든다. 논 가운데 무덤은 메콩델타 어디서나 쉽게 볼 수 있다. 처음 보았을 때는 이해가 안 되었다. 이상하기까지 했다. 그러나 거기서 살다 보니 자연환경 때문에 그럴 수밖에 없다는 것을 알게 되었다.

논에 있는 무덤, 안장성

메콩델타 전체면적은 한국(남한) 국토면적10,038.74천ha의 40.7%인 4,081.3천ha이다. 이중 산림면적(Forestry land)은 전체면적의 6.1%인 248.4ha에 불과하다. 얼마 안 되는 산림면적도 대부분이 캄보디아 국경지역과 섬들에 분포되어 있다. 산만 적은 게 아니다. 밭도 적다. 강이 많고 강 수위가 높기 때문이다. 그래서 밭 작물을 재배하기 위해서는 고

224

랑을 깊게 파고 두둑을 높게 만들어야 한다. 메콩델타에서 산이나 밭에 무덤을 만들기 어려운 이유다.

한국에서는 산에 무덤을 만들더라도 수맥(水脈)을 피하여 무덤 안에 물이 차지 않도록 하는 게 상식이다. 무덤에 물이 차는 것은 조상에 대한 예의가 아니다. 육탈(肉脫)이 잘 안될 뿐 아니라 유골(遺骨)상태도 좋지 않다. 그렇게 되면 집안과 자손에게 불(액)운이 많이 닥친다고 알려져 있다.

논 가운데 무덤이라! 궁금했다. 논 가운데 묘(墓)를 만들어도 괜찮은지, 육탈이 잘 되는지, 유골상태는 괜찮은지를 물었다. 그러나 속 시원한 대답은 듣지 못했다. 다만 떠도는 말은 이렇다.

'관(棺, Coffin) 놓을 곳을 벽돌로 만들고 시멘트를 발라서 물이 못 들어오기 때문에 괜찮다. 그래도 오래 되어 무덤이 파손되기라도 하면 시체는 수서(水棲)생물이 해치거나, 썩어 흙과 섞이면 식물이 양분으로 섭취할 수 있다.

물론 여유가 있는 사람들은 논이라고 해도 바닥을 돋우어 묘지를 만들어 보다 안전하게 흙 속에 무덤을 만들기도 한다. 이런 무덤은 물 피해가 없이 안전해 보였다. 그리고 일반묘지와 달리 국공립묘지와 같은 곳은 공원처럼 만들어 잔

디도 심고 조경도 한다. 이런 묘지는 한국의 묘지와 별반 다르지 않다.

논 가운데 공동 묘, 껀터 시

논 가운데 무덤은 중국에서도 본 기억이 있다. 1992.09.27 일 중국 천진공항에서 버스를 타고 북경으로 가던 길이었다. 그때 무덤은 작은 봉분으로 된 거였는데 전체가 진흙으로 되어 있었다. 버스 안의 중국인에게 물었다. "비가 오면 흙이 씻겨 내려가지 않느냐?"고. 대답은 "괜찮다." 였다.

메콩델타의 끝없이 펼쳐진 푸른 논! 그 가운데 무덤이 있다고 상상되는가? 상상된다면 어떤 모습인가? 기회가 되면 버스나 차를 타고 메콩델타를 지나가보라. 논 가운데 한두 개가 외로이 있거나 여러 개 모여 있는 무덤을 볼 수 있다.

정말이다. 메콩델타 지역 논 가운데는 무덤이 많다. 그러나 이곳 사람들도 논 가운데 무덤을 만드는 것이 꼭 좋아서 하는 것이 아니라는 점은 분명하다. 자연환경 여건상 어쩔 수 없는 차선의 선택이라고 보는 게 맞다. 여기 사람들도 여건이 허락하면 "죽은 자의 집" 무덤은 논이 아니라 배수가 잘 되고 햇빛이 잘 드는 앞이 확 트인 나지막한 산자락에 남향으로 만들 것이다.

■ 필자 주

1. 메콩델타 면적과 산림면적은 "Statistical Summary Book of Vietnam 2017", 한국 국토면적은 "Agriculture Food and Rural Affairs Statistics Yearbook of Korea 2017"을 근거로 했다.

■영어

Why are tombs in rice fields in the Mekong Delta?

The people in Mekong Delta usually make tombs in the paddy field. The tombs in the middle of the rice field can be easily seen anywhere in the Mekong Delta. I did not understand it when I first saw it. It was even strange. However, after living there, I have realized that there is no choice but to do so because of the natural environment.

Really it is. There are many tombs in the middle of the rice field, the Mekong Delta region. However, it is clear that the people here do not necessarily like making tombs in the paddy field. It is right to regard it as an inevitable choice due to natural environment conditions. The people here will make the tomb, "House of the dead" toward the south in the foot of a low mountain where is well drained, sunny and front-opened instead of the rice field, if conditions are allowed.

화장실에 화장지는 없어도 비데는 있다(There is a bidet even if there is no toilet paper in the bathroom)

화장실에 화장지가 우선일까? 비데(Bidet)가 우선일까? 화장지가 먼저라고 알고 살아왔다. 그러니까 화장실에 비데는 없어도 화장지는 있어야 한다. 많은 나라를 여행해 봤지만 거의 다 그랬다. 그런데 베트남은 좀 다르다.

내 아파트 화장실

베트남엔 화장지 없는 화장실이 많다. 반면에 화장지는 없어도 샤워기형 비데(Bidet Shower)는 있다. 내가 사는 아파트 화장실도 화장지 걸이는 없고 비데는 있다.

229

가정뿐만 아니다. 호텔 등도 화장지 걸이는 없고 샤워기형 비데는 설치되어 있다. 그러나 호텔은 문제가 안 된다. 더러 두루마리 화장지가 걸려 있지 않지만 질 좋은 상자 화장지 (Tissues)가 비치되어 있기 때문이다.

호치민 BiZoHotel 화장실

화장지 없는 비데 화장실이냐, 아니면 비데 없는 화장지 화장실이냐는 소비자의 선택에 달려 있다. 샤워까지 할 수 있고 그럴만한 시간적 여유가 있는 경우는 현 수준의 화장지 없는 화장실도 견딜만하다. 하지만 바쁜 현대인에게는 현재의 샤워기형 비데로는 청결측면 등에서 만족할만한 수준이 아니어서 불편하다.

어쨌든 베트남이 화장지 없는 화장실을 지향(指向)하는 것을 뭐라고 할 수는 없다. 다만 현재의 샤워기형 비데만으로는 충분하지 않다는 것이다. 따라서 현재의 샤워기형 비데를 한국이나 선진국에서 사용하는 전자자동형 비데와 같은 것으로 개선했으면 한다. 일본은 화장지 없는 화장실(Paperless Toilet)이 일반 가정에도 많이 있는 것으로 알려져 있다.

한국 등 선진국의 비데-화장실(Toilet-Bidets)에 설치된 전자자동형 비데는 씻은 후에 건조까지 자동으로 이루어진다. 따뜻한 시트(Seat), 탈부착이 가능하며 세정과 건조를 하는 비데가 대변을 보고 나면 필요한 일을 자동으로 해준다. 한국엔 이런 비데가 가정에 보급되어 있다.

항문용 화장지 없는 화장실, 세계적 추세로 보면 베트남이 추구하는 방향은 맞을 수 있다. 그러나 현재의 단순 샤워기형 비데만으로는 부족하다. 비데를 샤워기형 수동 비데가 아닌 전자자동형 비데나 그와 동등한 성능을 가진 비데로 바꾸는 것이 필요하다. 항문용 화장지를 사용하지 않고 비데만으로도 불편하지 않고 위생적이도록 비데 개선이 선행되어야 한다. 샤워기형 비데만으로는 개운하고 위생적일 만큼 항문 등의 청결을 유지하기 어렵기 때문이다.

인간은 편리함을 추구하는 존재다. 편하고 좋은 것은 사람이

찾게 되어있다. 화장지 없는 비데-화장실도 청결하고 사용하는 편리함이 사람들에게 와 닿으면 앞으로 확대될 것이 분명하다. 베트남이 더 발달해서 말 그대로 명실상부한 항문용 화장지 없는 현대화된 비데-화장실이 대중화되기를 기대한다.

아무리 비데가 발달해 비데-화장실이 대중화되어도 화장실에는 화장지가 필요할 때가 있다. 항문용이 아닌 다른 용도로 사용할 화장지가 비치되어야 할 이유이다. 화장지 품질이 향상되고 용도가 다양해지면 더욱 그렇다.

■ 필자 주

1. 비데(프랑스어 bidet)는 주로 대소변을 본 후 항문이나 국부(局部)를 씻는 데 쓰는 기구다. 여러 자료에 따르면 비데는 17~18세기에는 주로 여행을 오래할 경우 여자의 피임(避妊)을 위한 Chamber pot로 침실에 있었다. 그러다 콘돔, 피임약 등으로 피임이 간편해지고 배관시설과 장비의 발달로 비데가 침실에서 화장실로 옮겨가면서 수동형, 샤워기형, 전자자동형 등으로 변형 발전되었다. 베트남의 비데는 샤워기형이 주를 이룬다.

메콩델타에선 시외버스 탈 때 신을 벗는다

서양인은 방에서도 때도 신을 신는다. 심지어 연인들이 사랑을 나눌 때도 신을 신고 있는 것을 영화나 드라마에서 볼 수 있다. 그런데 베트남(메콩델타)에서는 시외버스를 탈 때 신을 벗어야 한다. 신을 신고는 버스를 탈 수가 없다.

껀터와 호치민(사이공)을 오갈 때 풍짱(Phuong Trang)시외버스를 탄다. 베트남에 와서 처음 시외버스를 타는 날(2017.11.17)이었다. 앞서 타는 사람들이 신을 벗어 검은 비닐봉지에 담아 들고 맨발로 탔다. 신을 벗고 버스를 타는 것이 낯설어 신을 신은 채 타려 하니 차장(안내)이 안 된다며 벗으라고 했다. 하는 수 없이 신을 벗어 남들처럼 비닐봉지에 담아 들고 버스에 올라탔다. 태어나 신을 벗고 버스를 탄 것은 처음이 아닌가 한다.

버스 안에는 침대 형 좌석이 1,2층으로 배열되어 있다. 통로가 2개, 침대좌석은 3줄, 좌석은 1층22, 2층22석 총44석이었다. 통로가 좁아 뚱뚱한 사람은 오가기가 불편했다. 2층 좌석은 오르내리기도 불편했다. 특히 키 큰사람은 발을 쭉 뻗기가 힘들어 불편함을 받아들여야 한다.

어쩌다 등치와 키 큰 서양인들이 새우모양을 하거나 무릎을

굽힌 채 누워가는 것을 보면 웃음도 나고 안됐다는 생각도 들었다. 다행히 나는 키가 크지 않고 등치도 뚱뚱한 편이 아니어 그런 불편은 겪지 않았다.

시외버스 내부 구조(The inner scene of the intercity bus)

휴대품이 크면 역시 불편하다. 좌석에 짐을 놓을 공간이 거의 없다. 좌석의 발 쪽에 작은 공간이 있는 데, 거기에 벗어 들고 간 신발을 놓고 발을 뻗어 넣으면 꽉 차기 때문이다. 그래서 가능하면 귀중품만 휴대하고 다른 짐은 버스 아래 화물칸에 넣는 것이 좋다.

오가면서 휴게소에서 한 번 쉰다. 그때는 그냥 벗은 발로 나와 버스 문 입구에서 버스회사가 제공하는 슬리퍼를 신는다. 슬리퍼는 끈을 엄지와 검지발가락 사이에 끼어 신도록 되어 있어 양말을 신으면 신기가 불편하다. 그럴 경우 자기

신을 가지고 와서 신고 내리면 괜찮다.

버스 탈 때 신을 벗는 이유는 청결과 1층승객의 불쾌감을 줄이기 위해서다. 우기엔 거의 매일 비가 오는 데다 도로포장이 안 좋아 신을 신은 채 타면 흙과 물로 버스가 더러워진다. 더구나 2층침대버스라 승객이 2층을 오르내릴 때 오물이 떨어지는 경우 1층승객에게 불쾌감을 줄 수도 있다.

한국여행객들은 이러한 사실을 잘 모를 수 있다. 단체여행을 하거나 차를 임대하여 관광하면 신을 벗지 않아도 되기 때문이다. 관광버스와 여행사가 제공하는 버스와 차량은 여행사 등에서 청소 등을 하여 청결을 유지하고 있다.

개인적인 생각으로는 버스요금을 더 받더라도 좌석 수를 줄이는 대신에 좌석크기를 좀 넉넉하게 하고, 2층을 없애 1층으로만 했으면 한다. 그리고 버스회사에서 청소를 하여 신을 신은 채 탔으면 한다.

2층을 없애기가 어렵다면 버스자체를 1층과 2층 구조로 만들면 좋을 것 같다. 남아프리카의 장거리 시외버스는 버스자체가 2층구조로 층간 분리가 되어 있었다. 침대좌석이 아니어서 앉아 가는 불편함은 있었지만 베트남에서 시외버스를 탈 때 겪는 불편함은 덜했다.

235

호치민 서부버스 터미널 주차 장면

현재의 시외버스 운영체제를 개선했으면 한다. 침대형으로 하되 버스를 층간 분리가 된 2층구조로 하고 좌석 수는 줄였으면 한다. 그에 따른 요금인상 요인은 정부가 지원하여 해결했으면 한다. 그러면 요금은 그대로 두고 일반서민들도 추가 비용부담 없이 시외버스를 편리하게 이용할 수 있는 한편 현재의 불편함을 줄일 수 있기 때문이다.

■영어

In Vietnam (Mekong Delta), people take off their shoes taking intercity buses

Westerners wear their shoes when they enter a room.

236

Even when lovers share their love, you can see them wearing their shoes in movies and dramas. However, in Vietnam, everyone has to take off his shoes when riding an intercity bus. You don't take a bus with your shoes on.

I hope the current intercity bus operation system will improve. Recommended is that the buses change in a two-floor structure with a lager bed-seat even the number of seats is less. I expect the government will support bus companies with the budget to solve the problem. That is because the bus fare remains as it is now, allowing people to use long-distance intercity buses at no extra cost, while reducing the current inconvenience.

7 한번쯤 가보면 좋은 곳
(A good place to go at least once)

물속 숲을 보고 싶지 않나요?

물속 숲을 보았는가? 수십 미터가 되는 나무와 수생식물이 물속에서 숲을 이루고 있다면 어떤 모습일까? 그 숲이 수백 ha가 된다면 보고 싶지 않는가?

숲 사이사이를 배를 타고 다니며 구경할 수 있는 곳이 있다. 베트남 안장성 쩌독시(Châu Đốc city) 짜스(Trà Su)에 있는 차나무숲(Rừng Tràm Trà Su, Tra Su Cajuput Forest)이다. 차나무(Tea Tree)라고 하지만 우리가 차로 마시는 나무는 아니고 물에 잘 썩지 않는 나무였다. 이곳은 일반적으로 "짜스 또는 짬 짜스"라고 부른다.

2018.09.01일 토요일에 그곳을 가보았다. 껀터시에서 6시 30분버스를 타고 쩌독시에 도착하니 9시50분쯤 되었다. 쩌독시내의 bây bốn 식당에서 점심식사를 하였다.

식사를 한 뒤 택시를 타고 약50여분 갔다. 시내에서 30km

238

쯤 떨어져 있었다. 소형차주차장에 주차를 하고, 다리를 건너 숲길 200여m를 걸어가니 매표소가 나왔다. 매표소 앞은 오토바이로 북새통을 이루었다.

물상추, 부레옥잠, 차나무류 등이 어우러진 수중 숲

표를 사서 바로 앞의 선착장으로 가 엔진이 달린 모토 배를 탔다. 숲 속으로 들어가니 낯익은 부레옥잠과 물상추(물배추)가 반겨주었다. 멀리 붉은 연꽃이 보였다. 나무들 사이로 햇빛이 비치니 녹색, 연 노란색, 진 푸른색의 풀들이 큰 나무들과 어울려 멋진 입체화를 그려놓은 듯 했다.

중대백로(?)도 보이고, 이름 모를 작은 새들도 많이 보였다.

수중 숲 사이를 지나며 이것저것 구경하다 보니 20여분이 빠르게 지나갔다. 배에서 내려 숲길을 걸어가니 전망대가 나왔다. 높이는 약20m되어 보였다. 전망대에 올라 사방을 둘러보니 동서남북이 모두 숲 바다였다. 멀리 깜산(Mountain Cam)도 보였다. 메콩델타에서 케이블카가 운행되는 유일한 곳이다.

전망대를 내려와 간 길을 되돌아와서 조금 더 가니 노를 젓는 배가 기다리고 있었다. 3명이 탔다. 배가 잔잔한 물살을 가르며 들어가니 한국에서 흔히 보는 여러 종류풀이 물을 덮고 있었다. 배는 자꾸자꾸 숲 안으로 들어갔다. 숲 사이 물위에 떠있는 좀개구리밥(Duck weed)이 햇빛을 받아 녹색 양탄자를 깔아놓은 듯 아름다웠다.

15분정도 자연의 생명력과 아름다움에 흠뻑 젖어 본 뒤 또 다른 배를 타고 다른 길로 처음 배를 탔던 곳으로 돌아왔다. 수중 차나무 숲을 약1시간30분정도 구경한 셈이다.

자연은 개발하기에 따라 더 자연스러워질 수 있다는 것을 이곳에서 보았다.

이 곳은 1975년이전에는 전쟁으로 농사도 못 짓는 폐허지역이었다고 한다. 안장성은 자연보존과 산림연구를 위해

1983년 이곳을 특별조림지역(The special reforestation zone)으로 지정했다. 그리고 길이12km, 너비4m, 높이4m 의 제방을 쌓아 홍수 피해를 막고, (늘어진) 차나무(Tràm, Cajuput)를 심어 조림을 했다. 면적은 핵심지역이 845ha, 주변을 둘러싼 완충지역(Buffer zone)이 645ha에 달한다.

이곳은 인간이 황무지를 생명체의 낙원으로 바꾼 귀중한 생태계다. 희귀 멸종위기종인 홍대머리황새(Painted stork, Mycteria leucocephala)와 Oriental darter(Anhinga melanogaster)를 포함 70종이상의 새, 4목(Order) 6과(Family)의 11종동물, 20종의 파충류, 5종의 양서류(兩棲類), 과학적 가치가 큰 멸종위기의 까꼼(Chitala oranta)과 쩨짱(Clarias batrachus)을 포함한 23종의 어류가 서식하는 것으로 추정하고 있다.

식물도 171종이 서식한다고 한다. 이들은 22종의 나무, 25종의 관목, 10종의 덩굴성 식물, 70종의 풀, 13종의 수생식물, 22종의 관상식물, 9종의 과수와 약용식물이다.

이곳엔 3,000㎡의 조업구역, 3,200㎡의 조류보호구역과 2,500㎡의 박쥐보호구역도 있다. 박쥐(튀김)구이는 꼭 먹어 보아야 할 별미라고 했지만 그러지 못했다.

녹색 양탄자를 깔아놓은 듯한 숲과 그 아래 좀개구리밥

개발은 파괴가 아니라 새로운 자연의 복원임을 짜스 관광지는 증명해주고 있다. 물속(水中) 숲, 숲 속 물, 그 안의 뱃길과 생물이 너무나 자연스러웠다. 자연의 아름다움을 피부로 느꼈다. 파괴되어 버려진 자연을 자연스럽게 복원해서 생태계를 복원하여 보전하는 안장성에 박수갈채를 보낸다.

■ 필자 주

1. 짬(Tràm)은 차나무류인 카유풋(Cajuput 또는 Cajeput) 나무다. 북미에서는 이 나무를 Tea tree로 부른다. 그러나 음료로 마시는 차나무와 다른 키큰나무(교목)로 물속에서 잘 썩지 않아 수상가옥에 많이 사용된다. 이 카유풋은 인도네시아나 말레이시아어의 'kayu putih'에서 유래된 것으로 알려

242

져 있다. Kayu putih는 하얀 나무(white wood), 종이 같
은 껍질(Papery bark), 늘어진 차나무(Weeping tea tree),
그리고 늘어진 종이책(Weeping paperback)을 의미한다.

2. 입장료 60,000동/인(약3,000원)이다. 전망대 입장료는
별도로 10,000동/인이며 전망대를 올라갈 때 낸다. 예약하
지 않아도 된다. 건기보다는 우기 즉 물이 많을 때가 관광
하기가 더 좋다고 한다.

3. http://vietnamtourism.com/index.php/news,
https://essentialoils.co.za/essential-oils
/cajuput.htm, Wikipedia를 참고 했다

■영어

Don't you want to see the forest underwater?

Did you see the forest in the water? If the trees that
are higher than 10m in height and aquatic plants
are forming the forest in the water, how would they
look? You want to see it if such the forest is
hundreds of hectares in the scale, wouldn't you?

There is a place where we can see the forest by boat.
It is Tra Su Cajuput Forest in the city of Châu Đốc,

An Giang province, Vietnam. Called is generally "Trà Sư or Tràm Trà Sư".

Rừng tràm Trà Sư was proving that development is not destruction, but the restoration of a new nature. The forest in the water, the water in the forest, the waterways and the creatures in the forest were so natural. I felt the beauty of nature in the skin. I send applause to An Giang province that preserves ecosystem and biodiversity by naturally restoring the destroyed nature.

244

Hon Son 섬에 있는 것과 없는 것(What's and what's not in
Hon Son Island)

메콩델타의 Hon Son섬에는 파란 눈(目)의 사람과 자동차가
없다. 신기할 정도다. 그런 곳에 푸른 바다, 눈부신 햇살,
야자수와 손잡은 백사장, 조용하다 못해 적막한 산속 사찰과
숲길, 걷고 싶고 달리고 싶은 섬 일주 해안도로와 횡단도로,
유일하게 북적대는 야간 먹거리시장이 있다. 개발의 때가 덜
묻은 자연의 아름다움을 즐기며 조용함과 깨끗함에 푹 빠져
휴식을 취하고 싶은 곳이다.

서양인이 없는 해수욕장

Hon Son 섬은 아직은 서양인의 발길이 닿지 않는 것 같다.
그곳을 찾는 사람은 거의가 베트남 사람들이다. 2일동안 등

산, 수영, 사찰구경.등을 했는데 서양인은 한 명도 보지 못했다. 파란 눈의 금발 아가씨들은 물론 백인은 한 명도 만나지 못했다.

파란 눈이 보이지 않는 Hon Son 섬에는 이것 말고도 없는 것이 많다. 개발이 안 되고 원래 자연스런 모습을 그대로 지니고 있기 때문인지 모른다.

선착장, 승객 내리기

선착장에 배를 타고 내리는 시설이 없다. 때문에 승객들이 혼자 여객선을 타거나 내리기가 힘들다. 위아래 양쪽에서 선원들이 승객의 손을 일일이 잡아 승하선(乘下船)을 도와주는 이유다.

자동차가 한 대도 없다. 교통수단은 100%오토바이와 배다. 섬에 머무른 이틀 동안 이동할 때는 걷거나 오토바이를 탔다. 태어나서 오토바이를 가장 많이 탄 여행을 한 셈이다. 오토바이를 잘 타는 사람에게는 꿈 같은 섬이다.
호텔이나 모텔이 없다. 그저 1~2층의 민박시설이 있을 뿐이다. 하지만 산 넘어 부두 반대편 해안가에는 최근에 지은 것으로 보이는 별장 형 민박시설이 있다. 외형상 머무르고 싶었다.

Bai Bang beach

소음과 먼지가 거의 없다. 자동차가 없는 탓일까? 시끄럽지 않다. 미세 먼지도 거의 없다. 드물게 쓰레기를 태우는 불길과 연기가 여행객의 눈길을 끈다.

그러나 없는 것 못지않게 즐길 수 있는 것들은 많다. 눈부신 햇살이 있다. 햇빛은 오염되지 않았다. 일상의 삶에서 더러워진 것을 말끔히 태워 없앨 수 있다. 비타민D도 충분히 보충 받을 수 있다.

바람이 시원하다. 30도를 넘어도 바람은 선선하여 더위를 식혀 준다. 그늘 아래에 있으면 바람은 열대 무더위를 맥 못추게 한다.

Da Bang Beach

푸른 바다와 그 위를 넘실대는 은빛 파도가 일품이다. 윈드

서핑(Wind surfing)이나 요트타기를 하지 않아도 그저 바다 위나 모래밭에 누우면 그만이다. 그런다고 누가 뭐라고 하지도 않는다.

배들이 떠 있는 한가로운 바다

해수욕장과 더불어 드문드문 수영과 물놀이를 할 수 있는 해변(Beach)이 있다. 그곳엔 그네, 포토 포인트(사진 찍는 곳), 야자수와 모래사장, 개장한지 얼마 안 되는 것으로 보이는 스노클링 장소 등이 있다. 바닷가 암석들이 고래나 하마 같기도 하고 바닷물 속에 둥둥 떠 있는 듯하다. 가만히 있어도 시선이 절로 간다. 힐링이 된다.

해발 300여m되는 옌 응와 산(Yen Ngua Mt.)과 울창한 열대 숲이 있다. 밋밋한 평지만 있다면 매력이 덜하겠지만, 산이 있어 더 매혹적이다. 열대 숲길을 산책하노라면 바다가 그립고, 바다에서 놀다 보면 산이 그리운 게 사람 마음이다. 그런데 산과 바다가 함께 그것도 붙어 있으니 얼마나 좋은 가!

사찰이 숲 속이나 도로변에 군데군데 있다. 누구나 들어가 기도할 수 있다. 기도하다 보면 번민과 스트레스는 사라지기 도 한다. Hon Son 섬은 치유의 장소로 제격이다. 산 속의 Pho Tinh Tu(普靜寺) 스님은 우리 일행에게 바나나, 차 등을 푸짐하게 내놓았다.

Pho Tinh Tu(Temple, 普靜寺)

해안가를 따라 시원하게 나 있는 섬 일주도로를 걸어보라. 차가 없어서 혼잡하지 않다. 걷다 힘들면 그 길을 연인과 함께 오토바이를 타고 질주해보라. 세상만사 오케이(OK)다.

산을 넘어가는 꼬불꼬불한 횡단도로를 달리며 섬과 바다를 감상하는 것도 배놓을 수 없는 구경거리다. 멀리 푸른 바다에 떠 있는 배들, 변신하려고 꿈틀거리는 산기슭의 어촌 모습이 예사롭지 않다.

선착장 옆의 먹거리 야시장

선착장 옆 도로변에 먹거리 야시장이 있다. 낮에는 텅텅 빈 공터일 뿐이다. 하지만 해가 지고 불이 켜지면 거대한 먹거리 시장으로 변신한다. 청정하고 푸짐한 해산물과 토속음식을 한번쯤 맛 볼 일이다. 해산물을 좋아하면 건어물이 싸니 건어물 장도 보면 좋다.

Hon Son 섬엔 없는 건 있어도 여행하기엔 불편함이 없다.

개발이 안 되어 좋은 점이 더 많음을 실감할 수 있다.

아직까지는 개발을 서두르지 않는 이런 Hon Son 섬도 얼마 안 가면 한적한 섬마을에서 조금씩 눈을 뜨고 개발의 몸살을 앓을지 모른다. 개발과 변화는 불가피하다. 그러나 부디 바라건 데 현재의 자연다움을 파괴하지 말고 깨끗함이 지속되며 편리함만 더하는 방향으로 개발이 이루어졌으면 한다. 그땐 파란 눈의 금발 아가씨들과 자동차를 볼 수 있을지 궁금하다.

■ 필자 주

1. Hon Son 섬은 메콩델타의 끼엔장성(Kien Giang Tinh, Province), 끼엔하이현(Kien Hai Huyen, District)의 라이면(Lai Xa, Commune)에 위치하며, 끼엔장성의 성도(省都) 락자시(Rach Gia Thanh Pho, City)에서 배로 2시간 거리에 있다, 배는 하루에 한 번 오전7시30분에 출발하며, 편도 배 요금은 140,000동(약7,000원)이다. Hon Son 섬에서 락자시로 오는 배편은 오후12시45분 한번 밖에 없다. 혼손섬에서 약1시간정도 더 가면 Vietnam-guide.com이 홍보하는 베트남의 아름다운 10대섬의 하나인 Nam Du 섬이 있다.

2. Hon Son 섬(베트남어 hòn은 섬이기에 sơn 섬임)은 지도에 Son Island로 표기되어 있기도 하나 베트남 남중부의 Quảng Ngãi성에 속한 Ly Son Island 등과 혼돈할 수 있

252

어 여행할 경우 유의할 필요가 있다.

3. 오토바이를 탈 줄 모르면 여행이 불편한 섬이다. 자동차가 없기 때문이다. 만약 연인끼리 간다면 둘 중의 하나는 오토바이를 탈 수 있어야 여행을 즐길 수 있다. 오토바이는 빌리면 된다.

아름다운 꼰다오 섬, 감옥(監獄)은 어울리지 않아(The beautiful Con Dao Island, prison doesn't fit in)

참 깨끗하다. 거리도 마을도 바다도, 해안가 도로에 있는 쓰레기통도 펭귄모양으로 귀엽다. 깨끗할 뿐 아니라 조용하고 매력적이다. 아름다움은 자연에서 온다는 말이 실감난다. 그런 섬에 감옥이 11개나 있다. 세상에서 아름다운 섬에 가장 어울리지 않는 잔혹한 감옥(監獄)일 것이다.

1862년부터 1975.05.01일 해방될 때까지 113년간 프랑스와 미국 식민지시대에 많은 베트남 정치범이 이곳 감옥생활을 했다. 말이 정치범이나 사상범이지 사실은 베트남 독립을 위해 싸운 사람들이다. 현 베트남 지도부의 인사 중에도 이곳에서 수감생활을 한 사람이 있는 것으로 알려져 있다.

수감인원이 많을 때는 10,000명까지 달했고, 늘어나는 죄수를 수용하기 위해 프랑스와 미국은 감옥을 계속 지어 11개나 된다. 이중 현재 관광객에게 개방되는 것은 4개다. 2만여명의 수형자들이 이들 감옥에서 죽어나간 것으로 알려져 있다.

시간이 없어 나는 Phu Hai 형무소만 들어가 보았다. 프랑스 식민지시대인 1862년에 처음 지은 감옥이다. 해안에서 100여m정도 떨어진 곳에 있다. 감옥과 해안 사이에는 해안도로와 Con Dao Saigon Condo만 있을 뿐이다.

어찌 이럴 수 있단 말인가! 푸른 바다가 보이고 아름다운 숲(나무)과 공원이 있는 곳에 끔찍한 감옥을 지었단 말인가?

의구심을 품고 형무소 문을 걸어갔다. 감방 안에 들어가는 순간 길 다란 철봉에 쇠고랑이 줄지어 걸려 있었다. 어떤 천장은 철가시망을 겹겹으로 덮어 놓았다. 감방은 교실처럼 넓은 것도 있고 몇 명이 생활할 수 있는 것도 있다.

그 중에서 1~2명이 수형생활을 하는 작은 방에 들어가는 순간 숨이 막힐 뻔 했다.
방은 겨우 2명이 누울 수 있는 1x2m크기이고 한 개의 문이 있다. 그 밖의 어디에도 작은 구멍 하나도 없다. 방 안

254

은 약간 바닥보다 높게 만든 시멘트 침대(?)와 그것의 문쪽 끝에는 철봉에 쇠고랑이 걸려 있었다. 그리고 실물 크기로 만든 인간 조형물 2개가 발목에 쇠고랑을 차고 누워 있었다.

2인용 감방

쇠고랑을 만지니 차다. 자유와 희망은 사치다. 고통, 공포와 절망이 뼛속을 후벼 판다. 조롱과 감시, 핍박과 노역의 멍에가 짓누른다. 스스로 삶을 포기하게 만든다. 이런 곳이 감옥이다.

형무소의 감방 안에 들어가 본 것은 태어나 처음이었다. 감방 안에 머문 시간은 아마 3분도 안 되었다. 참 짧은 순간이었다. 짧은 순간 3가지를 다짐하고 다짐했다.

첫째 죄 짓지 말자.

죄 짓고는 못 살 것 같다. 이런 감방에서는 단 하루도 못 살 것 같다. 차라리 죽는 게 낫겠다. 어떻게 이런 곳에서 몇 년씩 살아남을 수 있는 단 말인가?

둘째 억울하게 죄를 뒤집어씌우지 말자. 억울한 옥살이 하는 사람을 만들지 않겠다.

죄의 대가는 치러야 한다. 그러나 죄가 없는데 죄를 뒤집어씌우거나, 죄를 짓지 않았는데 사상이나 이념이 다르다고 반대파에게 억울하게 옥살이를 하는 일은 막아야겠다. 세상에 억울함만큼 고통스럽고 분한 것은 없다.

앞으로는 억울하게 죄인이 되는 일은 없어야겠다. 어디에서도 무슨 이유로도 죄 없는 자가 감옥 가는 일만큼은 결코 없어야겠다. 죄 지은 자가 감옥에 가도 억울하다고 한다. 하물며 죄 없이 감옥에 가는 사람은 얼마나 억울할까? 피를 토하고 죽고 싶은 심정일 것이다.

그런데 역설적으로 이 억울함이 감옥생활을 견디게 하는 가장 큰 힘의 원천이라고 나는 생각한다. 어떻게 해서든지 누명을 벗고 억울함을 풀어야겠다는 신념과 의지, 반드시 정의가 불의를, 진실이 거짓을 이기리라는 믿음이 희망을 갖게 한다. 아니 그 신념, 의지, 믿음이 바로 희망이다. 그런 희망이 무섭고 지긋지긋한 감옥살이를 버티게 한다. 사랑하는 가족과 친구, 그리고 자기를 믿었던 많은 사람에게 진실을 밝히고 누명을 벗어 떳떳함을 보여 주고 싶은 것이 억울한 자들 모두의 희망이다.

셋째 어쩔 수 없어 살기 위해서 또는 모르고 지은 죄는 용서해주자.
배고파 죽을 지경에 이르러 빵을 훔친 자, 가정을 지키려고 어쩔 수 없이 법을 가볍게 어긴 자... 이런 사람은 상습적이 아니면 가능한 용서해야 한다. 국가와 사회는 오히려 그들에게 살아갈 수 있는 길을 만들어주도록 노력해야 한다.

감옥을 구경하고 나오니 문득 남아프리카 넬슨 만델라 대통령이 생각났다. 1962~1990까지 로벤섬 교도소 등 3곳을 옮겨가며 27년간 수감생활을 하고 나와서 대통령이 된 분이다. 그리고 자신을 투옥한 사람들을 용서했다. 정말 대단한 사람이다! 그래서 그랬었구나. 남아프리카 가는 곳마다 거리, 건물 벽, 호텔, 다리, 광장, 동산 등에 초상화가 걸리고 동상이 서 있으며 모든 국민으로부터 존경과 사랑을 받고 있었던 것은.

꼰 다오 섬은 대부분이 국립공원으로 감옥을 빼고는 아름다운 자연 자체다. 어디를 가도 아름답고 좋다.

꼰쏜섬(꼰다오제도 중심)에서 조금 떨어진 BayCanh섬의 해변

생태계측면에서는 국제자연보전연맹(IUCN)과 멸종위기에 처한 야생동식물의 국제거래에 관한 협약(CITES)이 지정한 멸종위기 종인 푸른바다거북(Green turtle, Chelonia mydas)의 서식지이기도 하다.

다만 음식이나 먹거리 값이 비싸고, 여행객들이 머물다 간 곳에 쓰레기가 지저분한 것이 꼰다오섬의 티라면 티다. 굳이 또 하나 들라면 섬에 관한 정보가 빈약하고 그나마 있는 리플릿(Leaflet)도 돈 주고 사야 한다.

세상에 감옥이 없다면 얼마나 좋을까? 감옥이 있어도 텅텅

258

비어 있으면 얼마나 좋을까? 특히 꼰 다오 같이 아름다운 섬에는 더욱 그렇다.

꼰다오 인민위원회(군청) 청사 앞

잔혹한 감옥이 그토록 아름다운 섬에 꼭 있어야 할까? 아름다운 곳에 아름다운 것만 있으면 조화롭지 못해서 그런 것일까? 그렇다면, 역사와 조화를 위해서라면 한 두 개로 족하다. 이젠 감옥은 한 두 개만 남기고 나머지는 생태공원, 교육과 체험학습장, 문화예술이나 관광과 해양연구개발을 위한 곳으로 바꾸었으면 한다. 그리고 관광일정 중에 감옥생활 체험과정을 넣어 산 교육장으로 활용했으면 좋겠다. 그럼 범죄도 줄어들 것이다.

1. 꼰다오 제도(Islands)는 베트남 동남부의 바리어 붕따우성(Ba Ria Vung Tau Province)의 꼰다오현으로 붕따우항에서 약180km, 속짱항에서 약83km 떨어진 바다에 16개의 섬으로 이루어졌다. 총면적은 76㎢이다. 이중 꼰손섬이 제일 크며, 행정의 중심지로 51㎢를 차지하며 인구는 약7,000명이다. 이번 여행에서 가본 섬은 꼰손섬과 2번째로 크다는 바이깐 섬(Bay Canh Island)이다.

2. 껀터시에서 가는 길은 속짱항까지 차로 1시간30분정도 가서, 그곳에서 배를 타고 갔다. 배표는 편도가 310천VND이고 10시30분에 출발하여 2시간30분 후인 13시경에 꼰손섬 선착장에 도착했다.

3. 감옥입장권은 40,000VND(약2,000원)이며 Con Dao Saigon Condo옆의 Phu Hai감옥에서만 살 수 있다. 표1장으로 여러 개의 감옥을 구경할 수 있으며 산 날 하루만 유효하다. 관람시간은 7시30분~11시, 14시~16시30분이다.

메콩강 끝, 베트남동해(東海)를 가다(Go to the Vietnam east sea, End of the Mekong River)

강은 옹달샘에서 시작하여 땅 위를 흐르고 흘러 바다로 가서 수명을 다한다. 흐르면서 강은 깊어지고 넓어지며 조용해진다. 그렇게 흐르며 커진 강은 바다가 되면서 생을 마감한다. 강이 소멸하면서 바다가 생성된다. 강은 강 그대로는 바다가 되지 못한다. 강의 끝은 바다의 시작이다.

메콩강운하 끝 너머로 베트남동해가 멀리 하늘과 맞닿아 보임

메콩강은 베트남동해(Vietnam East Sea, 동베트남해, 남중국해-South China Sea)가 되면서 이름을 잃는다. 메콩강이란 이름뿐만 아니라 베트남에서 부르는 메콩강의 다른 이름인 꿀롱(Cửu Long-九龍), 하우(Hau)강의 이름도 사라진다.

261

이들 강 이름이 베트남동해로 다시 태어나는 곳은 6곳으로 보이는 데 그 중 한곳인 Dinh An gate에 가보았다.

2018.05.16일 유난히 날씨가 좋았다. 껀터시 TTC호텔 앞 선착장에서 맑은 햇살을 받으며 쾌속정을 탔다. 오전7시40분쯤 이었다.

강물은 푸르지 않았다. 흙탕물이었다. 모래채취선(採取船)이 모래를 열심히 모으고, 화물선과 어선 등이 오갔다. 특이한 것은 믿기지 않을 만큼 부레옥잠(Eichhornia crassipes, 영명-Water hyacinth)이 많이 떠다녔다. 부레옥잠이 많이 있는 곳은 물위 정원(水上庭園)같은 착각에 빠졌다.

강가로는 많은 공장들이 들어서 있었다. 베트남석유(Petro-Vietnam, PV Oil)의 원유저장시설, CaiCui신항(Tân cảng Cái Cui)의 컨테이너 선적·하역을 위한 부두와 대형 크레인, 대만 계 이문제지공장(Nhà máy giấy Lee & Man Việt Nam) 등이 눈에 들어왔다. 발전소와 새로운 항만이 건설 중인 곳도 있었다. 한국 태광실업 껀터공장도 보였다. 베트남 항만산업과 중공업이 도약을 준비하며 꿈틀거리고 있음을 느꼈다.

강은 껀터시(Can Tho), 하우장(Hau Giang), 빈롱(Vĩnh

Long), 속짱(Soc Trang)과 짜빈(Tra Vinh)도를 지난다.
짜빈도를 좀 지나 배는 하우강 본류가 아닌 Quan Chanh
Bo(꽌찬보)운하로 갔다. Quan Chanh Bo운하(19.2km)는
Tat운하(8.2km)로 연결되었다.

Cai Cui 신항과 컨테이너용 크레인

꽌찬보운하는 짜빈도의 Duyen Hai District(주엔하이구)와
Tra Cu District(짜꾸구)에 위치하며 총 길이는 27.4km다.
운하가 끝나는 지점이 행정구역상 Dinh An Xa(진안면)에
있어 Dinh An Gate(진안관문)라고 부른다.

이 운하는 2009년에 착공하여 준설과 제방공사 등을 하여
2016년에 완공되었다. 이로써 화물을 적재하지 않은 선박은
2만톤, 화물을 적재한 선박은 1만톤까지 운하로 메콩강으로
껀터시와 같은 메콩델타의 주요항구로 갈 수 있다고 한다.

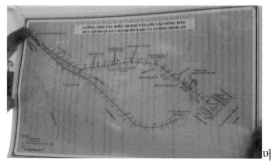

메콩강 운하지도

여기서 7km를 바다로 더 나아가면 외항인 체크인 구역 (Khu đón trả hoa tiêu)이 있다. 선박이 들어오면 내항으로 가기 전 정박(碇泊, Anchor)을 하거나 검역을 실시하기도 한다. 북위 09°30′53″5, 동경 106°34′54″3이다. 껀터시에서 여기까지는 총95km다.

예전보다 많이 좋아졌지만 아직은 육로, 해로 등 물류기반시설이 부족하여 많은 기업들이 이곳에 들어오는 것을 꺼리고 있는 실정이다. 하지만 베트남동해의 외항이 건설되고, 외항과 메콩강을 연결하는 운하가 완공되었기 때문에 메콩강을 따라 주요항구에 현대화된 신항만이 건설된다면 이곳 물류역량은 크게 증진될 것이다. 여기다 호치민시와 껀터시 간의 고속도로가 완공되면 지금까지의 물류문제가 상당부분 해소될 것이 확실하다.

운하 방조제(防潮堤)(Sea wall of cannal)

몇만 톤 급 대형 화물선이 하우강을 따라 껀터, 하우장, 빈롱, 속짱과 짜빈 등 메콩델타의 주요항구로 운항하는 활기찬 모습이 벌써부터 눈에 선하다. 이곳에 세계적인 항구도시가 형성되어 국제무역이 활발해져 메콩델타의 풍부한 농수산물이 세계인의 밥상에 오르는 날을 꿈꿔본다. 그리하여 이곳 주민들의 삶이 더욱 풍요로워지고 행복해졌으면 한다.

배를 타고 가는 길에 비를 만났다. 강풍도 만났다. 그리고 배가 고장이 나서 다른 배로 갈아타기도 했다. 그래도 메콩강과 운하 그리고 베트남동해의 외항답사는 잘 마쳤다. 인생도 이와 같은 것이다. 살다 보면 비나 바람과 같은 어려움을 만나고, 배가 고장 나는 것처럼 몸이 아파 고통스러울 때도 있다.

그때 마다 너무 서두르지 말고, 너무 지나치게 어려움과 맞서지도, 무조건 어려움을 피하지도 말고, 멈춰서 기다리기도 하면서 순리에 따라 이기기도 지기도 하면서 목적을 가지고 끈기 있게 살아야 한다. 고장 난 배를 바꾸듯 아프면 치료해야지, 아픈 것 무시하고 객기를 부리며 무리하면 큰 화를 입을 수 있다.

구경하며 새로운 것과 만나고 배운 즐겁고 보람 있는 하루였다.

▓ 필자 주

1. 껀터수출산업단지관리공단(CEPIZA, Can Tho Export Processing Industrial Zones Authority) Vice Chairman Mr. Nguyen Huu Puuoc씨와 함께 태광실업 껀터 소장 이송종, KVIP기획팀 Mr. Cao Bien Nguyen, 오성근 자문관, 김원 한국농기계협동조합 베트남사무소장이 동행했다. 하우강과 운하를 답사할 수 있는 기회를 준 CEPIZA와 KVIP에 감사 드린다.
2. CEPIZA 홈페이지https://www.cantho.gov.vn과 신문 기사, 여러 인터넷 사이트를 검색하여 가능한 한 직접 본 것과 확인하려고 노력했다.

베트남 첫 땅(땅 끝)

베트남 첫 땅(땅끝)에 다녀왔다. 베트남 육지가 끝나고 바다가 시작되는 땅끝이기도 하다. 여기에 "땅끝 탑", "베트남 랜드마크 비", "호치민고속도로 종점 탑"이 있다. "세계생물자원보전지역(World Biosphere Reserve) 및 세계습지보전지역(RAMSAR)"인 "카마우국립공원"에 위치해 있어 주변 경관이 아름답다.

2018.07.07일 농기계협동조합 최낙우이사와 같이 자동차로 껀터시를 아침6시에 출발하여 구경을 하고 저녁8시에 집으로 돌아왔다. 그 곳엔 3개의 표식물(標識物)이 있었다.

돛단배 모양의 땅끝 탑(Mũi Cà Mau)이 있다. 탑의 위치는 8°87′30″ vĩ độ bắc(북위8도87분30초), 104°43′kinh độ Đông(동경104°43')이다.

2016.05월까지 있었다던 21m의 전망대는 철거되고 원형 계단만 남아 있다. 이런 걸 보면 여기가 빠르게 변화하는 것 같다.

땅끝 탑(Mũi Cà Mau)

1995.1월에 세워졌다는 높이 약1.5m의 랜드마크 비가 있다. 여기엔 "Đất Mũi Cà Mau, GPS 0001, Mốc, Tọa Độ, Quốc Gia"라고 쓰여 있다.

베트남 국가 랜드마크

베트남국가랜드마크 좌표 GPS0001(Global Positioning System), 베트남 육지0km지점으로 여기서부터 육지가 시작한다.

웅장한 호치민고속도로 종점 탑도 있다. 중앙에 높은 정사각 기둥의 탑이 있고 탑 가운데 4면에는 "Đường Hồ Chí Minh, Điểm Cuối Cà Mau, 2,436km" 글씨가 새겨 있다. 이곳이 호치민고속도로 2,436km의 종점이라는 뜻이다. 양 옆에 배 형상(?)의 조형물이 있고 그 앞에 역시 배 모양(?)의 조형물이 여러 개 있다.

호치민고속도로 종점 탑

호치민고속도로 종점 탑 뒤로 바다 속에 아름다운 집이 한

채 있다. Thủy Ta 식당으로 지금은 영업을 하지 않는다. 다리를 끊어버려 그 곳에 갈 수가 없다.

호치민 고속도로 종정 탑 맞으면 숲에 나무로 만든 다리길이 있다. 생태로(生態路)로 산책하기에 안성맞춤이다. 시간이 없어 숲길을 많이 걷지 못한 것이 못내 아쉽다.

베트남의 첫 땅(땅끝)은 껀터시에서 약250km 떨어진 곳의 까마우곶(Cape of Ca Mau)에서 시작된다. 자동차로 갈 수 있고, 5시간30분정도 걸린다. 길은 공사 중인 마지막 몇km를 빼고는 포장이 되어 좋은 편이다. 예전에는 자동차로 가기 힘들어 남깐(Nam Can)에서 배로 갔다고 한다.

까마우도 땅끝 가는 길 수상가옥(Floating houses)

도로는 곧게 쭉 뻗어 있고, 강을 따라 수상가옥이 즐비하게 늘어서 있었다. 깨끗했다. 여기뿐만 아니라 까마우시내도 깨끗했다. 공기도 맑고 상쾌했다. 남쪽 끝을 보았으니 앞으로 베트남 북쪽 끝도 가보고 싶다.

세계 생물권보전지역이라 그런지 잘 가꾸어진 망그로브 숲이 인상적이었다. 망그로브 숲은 자연상태로 된 곳도 있지만 길가는 정부차원에서 조성을 한 듯 했다. 자연스러움은 떨어졌지만 보전차원에서 가꾸는 것이라 이해가 갔다.

무엇이든 처음과 끝은 관심을 끈다. 까마우곶(Cape)도 마찬가지다. 까마우곶 역시 베트남 육지의 시작인 첫 땅이자 베트남 남쪽 육지의 끝이다. 그래서 오지이지만 도로를 잘 건설하고, 조형물을 만들고, 숲과 생태공원을 가꾸고, 관광객을 위한 시설을 갖추고 있었다. 한 번쯤 가볼만 한 곳이다.

■ **필자 주**

1. 자료에 따르면 호치민고속도로는 3,167km로 연장할 계획이 수립되어 있다. 그렇게 되면 탑의 2,436km는 바꾸어질 것이다.
2. 차량이 안되면 까마우도에 버스로 가서 여행사(Minh Hai Travel Center, Tel0290-383-1828, Fax 0290-383-7022, email:minhhaitourist.dieuhannh@gmail.com)

에서 실시하는 1일코스의 관광을 하면 된다. 요금은 1인당 2,500,000동이라고 했다.

3. Mốc 앞에 Tâm을 넣어야 랜드마크(Landmark)라는 뜻이 분명하다. 그렇지 않으면 곰팡이 냄새가 난다는(Musty) 뜻으로 오역이 되기 쉽다.

4. 첫 땅(땅끝) 들어가는 입구엔 큰 통나무를 올렸다 내렸다 하는 통제선이 있다. 여기서 입장료를 낸다. 차에 기사 포함 3사람이 탔다. 입장료는 130,000동(약6,500원)이었다.

■영어

Vietnam's first land (End of land)

I have been to the first land of the South in Vietnam. The place is also the end of land where the sea begins, while Vietnam land ends. There are "Land End Pagoda", "Vietnam Landmark Monument" and "Ho Chi Minh Expressway End Tower". They are located in " The Ca Mau National Park" designated as "World Biosphere Reserve" and "RAMSAR Wet Land". The surrounding landscape there is wonderful.

Whatever the beginning and the end attract attentions. The same goes for Cape of Ca Mau. It is also the beginning of land in Vietnam and the end of sea in Vietnam. The place is a very remote country. It was well equipped with nice roads, sculptures, forests and ecological parks, and facilities for tourists. The first land at the same time the end land of Vietnam, called "Mũi Cà Mau" is a good place to visit once.

닫는 글

메콩델타와 베트남 이해증진에 촉매제가 되기를 기대하며

책 "메콩델타-베트남의 젖줄"은 소설이나 여행기가 아니어서 재미는 많지 않을지 모른다. 그러나 메콩델타와 베트남에 대한 정보원(情報源)으로서의 가치는 있다. 필자가 최근에 현지에서 생활하면서 체득한 정보가 고스란히 녹아 있기 때문이다. 따라서 이 책이 베트남과 메콩델타에 관심을 가진 사람들에게 정보제공의 역할을 함으로서 이 지역에 대한 이해를 촉진시키는데 기여하기를 기대한다.

물론 전문기관이나 연구팀이 체계적으로 조사 탐구하여 쓴 게 아니고 개인이 제한된 조건하에서 썼기 때문에 미흡하거나 놓친 점이 많을 수 있다. 따라서 책 내용 중에 오류와 부족한 점이 있을 수 있다고 본다. 이런 점은 앞으로 누군가가 보완하였으면 한다.

아쉬움과 함께 세상엔 쉬운 일이 없다는 것을 다시 절감하면서 글을 마친다.

2021 03 02
유 기 열

Epilogue

Hope this book will serve as a catalyst for a better understanding of Mekong Delta and Vietnam

The book, "Mekong Delta-Vietnam's Lifeline," is not a novel or a travelogue, so it may not be fun.

However, it has value as a source of information about Mekong Delta and Vietnam. This is because melted completely is the information I recently learned and acquired in living in the local. So, hoped is that this book will serve as a source of information to those interested in Vietnam and the Mekong Delta, thereby contributing to promoting understanding of the region.

Of course, professional institutions or research teams did not systematically investigate and explore to publish this book. I alone, an individual, wrote it under limited conditions. So there may, I think, be some errors and deficiencies in the contents of the book. Someone may make up for this point in the future.

Even though with regret, I finish writing by realizing again that there is nothing easy in the world.

02 March 2021

Ki-Yull Yu